Nach uns die Steinzeit

Aus dem Schwedischen von Lotte Eskelund
(nach der fünften Auflage des Originaltextes)
© Gösta Ehrensvärd 1971
Titel der Originalausgabe: Före – efter
Alle deutschen Rechte vorbehalten
© 1972 Hallwag AG Bern
Gesamtherstellung Hallwag AG Bern
ISBN 3 444 10109 0

Inhalt

Vorwort 7

Vorher
1. Betrachtungen über eine Kurve 12
2. 1770 — 1870 — 1970
   Analyse eines Zeitabschnitts 22
3. Ein bedenklicher Kontoauszug 37
4. Wie lange noch...? 47

Zwischenspiel in Moll
5. Der große Hunger — ein Kriegzustand 61
6. Überleben — ein technisches Problem 67

Danach
7. Morgendämmerung 74
8. Zwischen zwei Alternativen 86
9. Sonne, Regen und Ernte 93
10. Die Energiegesellschaft 106
11. Prognose 115
12. Blick in die Zukunft 132

Literaturhinweise 145
Anmerkungen 149
Einige Worterklärungen 157

Vorwort

Die Flut von Literatur, die sich derzeit mit den Lebensbedingungen und der Zukunft des Menschen befaßt, weist alle Schattierungen von tiefstem Pessimismus bis zu unbedenklichem Optimismus auf. Die einen rufen angesichts der zunehmenden Verschmutzung von Luft und Wasser aus, der Mensch sei im Begriff, Selbstmord zu begehen. Unbestätigte Berichte von radioaktivem Ausfall da und dort rufen sofort die Warner auf den Plan, die das baldige Ende der Menschheit durch Krankheit und Degeneration voraussagen. Berichte über den Bevölkerungszuwachs lösen allerdings berechtigtes Unbehagen aus und führen zu apokalyptischen Visionen. Optimistische Fürsprecher dagegen sind der Ansicht, daß mit Hilfe der Technik und des «Know how» unserer Zeit, mit Hilfe der Pille und der Industrialisierung von Entwicklungsländern alles zu bewältigen sein wird. Bringen wir denn nicht geradezu unmögliche Dinge zustande, sind wir denn nicht gerade eben auf dem Monde gelandet?

Man konfrontiert uns mit Berichten über unsere Energierohstoffe und technisch unentbehrlichen Minerale. Pessimisten und Optimisten haben die verschiedensten Auffassungen von der Lage. Sollte es aber wirklich schlecht stehen, so haben wir ja die

Atomkraft — aber bedenkt man dabei, daß auch das Uran wie alle Metalle nur in begrenzten Mengen, die sich nicht regenerieren, vorhanden ist?

In diesem Buch habe ich versucht, zwischen Pessimismus und Optimismus auszugleichen und mich so weit wie möglich auf realistische Betrachtungen zu beschränken. Viel von dem hier Angeführten mag wie Science-fiction klingen, aber in Wirklichkeit gründet meine Überzeugung auf nüchternen Tatsachen.

Das Ergebnis vieler Stunden der Analyse und Synthese hinsichtlich des Schicksals der Menschheit auf ihrem sehr kleinen Planeten ist in großen Zügen folgendes: Ich bin tief pessimistisch, was die Perspektiven auf kurze Sicht betrifft, aber unverwüstlich optimistisch in bezug auf die Überlebenschancen des Menschen, seine Zähigkeit und Ausdauer, auf lange Sicht auch unter schwierigen Verhältnissen zu leben.

Es gibt viele Menschen, die eine klare und einfache Antwort auf die Frage suchen: «Wohin gehen wir? Welches Schicksal erwartet die Menschheit?» Für sie, zu denen auch ich gehöre, ist dieses Buch geschrieben.

Ich habe versucht, eine Unterbrechung des Textes durch Literaturhinweise möglichst zu vermeiden. Im Anhang wird auf einige Standardwerke verwiesen. Was die rein chemischen Probleme betrifft, ist der Nachweis der Originalliteratur hier unmöglich.

Lund, 8. 7. 1971　　　　　　　　Gösta Ehrensvärd

Vorwort zur 5. Auflage

Das neuerwachte Interesse für das Schicksal der Menschheit in den nächsten hundert Jahren ist ein gutes Zeichen. Während der letzten zehn Jahre haben viele erkannt, daß die Erde sich um das Jahr 2000 in einer höchst problematischen Situation befinden wird. Wir haben inzwischen eine Vorstellung von den Problemen der Überbevölkerung und haben — lange erwartete — Forschungsberichte über die Grenzen unserer Rohstoffvorräte bekommen. Die siebziger Jahre sollten daher Ausgangspunkt für eine sachliche Diskussion über die Frage sein: so und so viel Rohstoffe haben wir, so viele sind wir, so viel verbrauchen wir — was ist zu tun?

Wenn ich in diesem Buch das Wort *wir* verwende, erkläre ich mich solidarisch mit allen Bewohnern unseres Planeten. Ich betone dies ausdrücklich, denn ich sehe unsere Welt und ihre Probleme keineswegs aus dem engen Gesichtswinkel des westlichen Industrialismus. Was ich versucht habe hervorzuheben ist die verantwortungsvolle Pflicht der Industriestaaten, die bereits vorhandenen und künftigen wissenschaftlichen und technischen Erfahrungen weiterzugeben, sie über die ganze Erde zu verbreiten und so einen bleibenden Wissensfonds für die Zeit zu schaffen, da in der Agrargesellschaft, die wir früher oder später zu akzeptieren gezwungen sein werden, der Bedarf an Erfahrung groß sein wird.

Es geht um uns alle. Es wird schwierig sein, das intellektuelle und technische Wissen in den Jahren einer denkbaren strengen Planhaushaltung lebendig zu bewahren, namentlich in den Gebieten, die arm an Energiequellen und Rohstoffen sind. Auf längere Sicht haben wir alle indes, der Bauer in Vietnam wie der Ingenieur im großen Industriekonzern, ein gemeinsames Interesse daran, daß vernünftige technische Erfahrungen an die kommenden Generationen weitergegeben werden.

Was die Energiequellen betrifft, so habe ich das Gefühl, daß meine Kollegen, die Physiker, sich ganz auf moderne Uranreaktoren mit einem Wirkungsgrad von achtzig Prozent eingestellt haben. Falls sie Erfolg haben, könnte der Abbau an fossiler Kohle verringert werden, deren hochwertige Bestandteile derzeit hauptsächlich für Heiz- und Antriebszwecke verbrannt werden. Sollte es uns ferner gelingen, binnen angemessener Zeit das Problem der Energiegewinnung aus Wasserstoff zu lösen, so wäre an der Energiefront schon viel gewonnen.

Das Wichtigste ist jedoch, daß wir alle bereits jetzt vernünftig und selbstlos unsere Zukunft auf lange Sicht analysieren und planen. Was wir brauchen, ist ein gesundes, ausgewogenes Denken, um der Umstellung unseres Lebens und unserer Lebensumstände gewachsen zu sein, die schon in hundert

Jahren aktuell sein wird. Beim Eintritt in das 22. Jahrhundert werden unsere Nachkommen dann sehen, ob unser aller Einsatz in den siebziger Jahren des 20. Jahrhunderts zu positiven praktischen Ergebnissen geführt hat. Vorläufig zeichnen sich diese Dinge noch undeutlich für uns am Horizont ab.

Lund, 24. 1. 1972 Gösta Ehrensvärd

VORHER

1. Betrachtungen über eine Kurve

Vor einigen Jahren schrieb der amerikanische Forscher W. K. Hubbert einen Bericht über die Energiequellen der Erde. Dieser Bericht enthielt ein Diagramm von verblüffender Einfachheit:

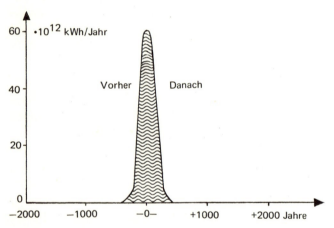

Fig. 1. Schematische Darstellung des menschlichen Energieverbrauchs durch Verbrennung fossilen Kohlenmaterials vom 18. Jahrhundert bis in die Gegenwart und in der Zukunft, in Kilowattstunden pro Jahr. Wie man sieht, dauert es nur mehr eine begrenzte Zeit, bis der Mensch die gesamte Energie völlig verbraucht hat.

Diese einfache Kurve, die wie ein Riesenobelisk aus einer Einöde emporragt, verdeutlicht den Gesamtvorrat der Erde an Steinkohle, Braunkohle, Erdöl und Erdgas. Die Form der Kurve zeigt, in welchem Tempo der Mensch diesen Vorrat zur Energieerzeugung ausnützt. In ihrer Isolation in der im übrigen leeren X-Achse läßt die Kurve ganz klar erkennen, daß es sich hier um eine kurze Episode für die Menschheit handelt. Wenn wir unsere Industrie in immer schnellerem Rhythmus ankurbeln, bleibt also nur wenig Zeit, bis der Vorrat zur Neige geht und nach und nach auf den Nullpunkt absinkt. Die Kurve steht wie eine Scheidewand zwischen «Vorher» und «Danach». Eine ähnlich abrupt steigende und fallende Kurve würde den Abbau der Erzvorkommen auf der Erde darstellen, der ebenfalls in immer schnellerem Tempo vor sich geht. Sowohl Brennstoffe wie nutzbare Erze sind für unsere hochentwickelte Industriegesellschaft von heute unerläßliche Voraussetzungen. Wie wird es morgen sein, wie im Jahre 2000, 2500, 3000? Wie werden wir den langen Zeitraum überstehen, der auf die hektische — zeitlich sehr begrenzte — Epoche der großen Verschwendung folgt?

Können wir uns eine voll industrialisierte Gesellschaft vorstellen, die irgendeine Art von Atomkraft verwendet, jedoch nur ein Mindestmaß an organischer Kohle in fossiler Form und ein Minimum an nutzbaren Mineralvorkommen? Wohl kaum. Folglich müssen wir bei kühler Betrachtung der Dinge damit rechnen, daß unser derzeitiger Standard sehr beträchtlich sinken wird, vielleicht auf das Niveau einer reinen Agrargesellschaft. Schon in zwei-, dreihundert Jahren werden wir auf dem absteigenden Ast sein, und Reisen zum Mond und vielleicht auch Luxusangelegenheiten (wie Kriege) werden aus Gründen der Knappheit ausfallen müssen.

Das ist die Zukunft, der wir entgegensehen.

Die grundsätzliche Frage, wie lange eine hochtechnisierte Gesellschaft funktionieren und fortbestehen kann, ist in jüngster Zeit im Zusammenhang mit astrobiologischen Problemen aufgetaucht. Zu den bisherigen Diskussionen über die Möglichkeit eines Signalaustausches — und späterem Dialog — zwischen bewohnten Planeten in unserer Galaxis hat sich ein neuer Faktor gesellt, der berücksichtigt werden muß: eine hochtechnisierte Kultur hat wahrscheinlich eine ziemlich begrenzte Lebenszeit. Um es anders auszudrücken: Wenn die Bewohner eines Planeten einen so hohen technischen Standard erreicht haben, daß die Möglichkeit besteht, mit Bewohnern von Planeten anderer Sonnensysteme in Verbindung zu stehen, so ist die Wahrscheinlichkeit groß, daß eben diese Lebewesen in einer Entfernung von hundert Lichtjahren technisch gesehen sich bereits auf Talfahrt befinden, oder aber, daß ihre technische Entwicklung noch nicht begonnen hat oder noch nicht sehr weit gediehen ist. Falls generell gilt, daß hochtechnisierte Kulturen eine durchschnittliche Lebensdauer von nur rund 300 Jahren haben, dann ist die Aussicht auf einen interkosmischen Austausch ungemein gering. Im Jahre 1770 hätten wir nicht die geringste Möglichkeit gehabt, ein derartiges Signal aus dem Weltraum zu empfangen. Heute, in den siebziger Jahren des 20. Jahrhunderts, haben wir diese Möglichkeit — wie aber wird es im Jahre 2070, 2170 oder 2270 aussehen?... Dringt man tiefer in diese Problematik ein, so stellt man fest, daß wir unleugbar lange vor 1770 ein gewisses Maß an Technik hatten, aber daß die Verwendung fossilen Brennstoffs für Energiezwecke im Zeitraum bis 1870 in einem unerwartet großen Umfang zunahm, worauf dann Rohöl und in jüngster Zeit Erdgas verwendet wurden, und zwar in enorm beschleunigtem Tempo. Hätten wir beim Stand des Jahres 1770, aber mit dem Wissen von 1970, eine Technik ähnlich unserer heutigen entwickeln können, *ohne fossilen Brennstoff zu verwenden?* Ein solches Denkspiel ist selbstredend absurd, aber Tatsache bleibt dennoch, daß die Verwendung fossilen Brennstoffs uns geholfen hat, die Technik auf ihren heutigen Stand zu bringen, während die Technik des 18. Jahrhunderts auf Holz sowie Wind- und Wasserkraft basiert. Und auf dieses Niveau werden wir wahrscheinlich wieder hinabsinken, wenn wir unsere Kraft- und Rohstoffquellen vergeudet haben. Auf dieses Problem soll im 8. Kapitel näher eingegangen werden. Es gibt nämlich mehrere Alternativen zum Leben auf der Agrarstufe, die der Beachtung wert sind.

Zunächst aber kehren wir zu Figur 1 zurück, die sich auch unter anderen Gesichtswinkeln betrachten läßt. Die Kurve ist nun so gezeichnet, daß die Y-Achse den Verbrauch an fossilen Brennstoffen, in Milliarden Tonnen pro Jahr berechnet, darstellt. Damit sind hier Steinkohle, Braunkohle, Erdöl, Sandöl, Schieferöl sowie Erdgas gemeint. Figur 2 illustriert das Ergebnis.

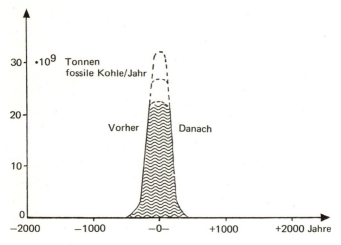

Fig. 2. *Das gleiche Diagramm wie in Fig. 1, nur stellt es hier Gewinnung und Verbrennung von fossilen Brennstoffen in Milliarden Tonnen pro Jahr dar. Die gestrichelten Linien unterhalb des Scheitelpunkts deuten an, daß die Berechnungen nicht ganz sicher sind, das Größenverhältnis aber stimmt.*

Der überwiegende Teil der gewonnenen Fossilkohle wird für Heizzwecke in Kraftwerken und für den Transport genutzt, doch findet ein Teil auch in der petrochemischen Industrie Verwendung, deren vielfältige Endprodukte zu den Standardwaren der Industrieländer gehören: Kunststoffe, Arzneimittel, Insektenvertilgungsmittel, Farben usw. Bedeutende Mengen werden auch in Form von Koks (aus Steinkohle) für die Eisen- und Stahlerzeugung gebraucht. Alle diese Verwendungszwecke beinhaltet das Wort «Kohle» in unserem Diagramm. Wie man sieht, vollzieht sich ihr Abbau in einem hohen und zudem ständig wachsenden Tempo. Möglicherweise werden wir die maximale Ausbeute, die etwa bei 30 Milliarden Tonnen jährlich liegen dürfte, schon im Jahre 2050 erreichen. Davon abgesehen aber haben wir bereits um die Jahrtausendwende die dann endgültig akut werdende Bevölkerungsfrage zu berücksichtigen. Hinsichtlich der Gewinnung von Metallen läßt sich ganz allgemein sagen, daß wir, um die Entwicklungsländer standardmäßig den Industrieländern anzugleichen, die Produktion — Stand von 1970 — folgendermaßen erhöhen müßten:

Eisen	75mal
Blei	200mal
Zink	75mal
Zinn	200mal

Dies ist nur *ein* Beispiel dafür, welche zusätzlichen Leistungen erbracht werden müssen, wenn die Entwicklungsländer den heutigen Lebensstandard der Industrieländer erreichen sollen. Die Energieerzeugung müßte dann in einem geradezu wahnwitzigen Tempo erhöht werden. Und das gilt für 1970, bei rund 4 Milliarden Menschen. Die Vorhersage für das Jahr 2000 aber spricht von 7,5 Milliarden!

Wie steht es nun mit der Wasserkraft? Eine Bestandesaufnahme sämtlicher auf der Erde existierender Möglichkeiten für die Ausnützung der Energie strömenden Wassers ergibt $1,8 \cdot 10^{12}$ kWh/Jahr. Das ist ein maximaler Wert, der mit dem Maximalwert der Krafterzeugung durch Fossilkohle ($60 \cdot 10^{12}$ kWh/Jahr) verglichen werden muß (siehe abermals Figur 1).

Ein Kommentar dazu ist überflüssig. Die Wasserkraft stellt einen Bruchteil der Sonnenenergie dar, dürfte aber mit einem Maximalwert von 1,8 Millionen Kilowattstunden jährlich unbegrenzt zugänglich sein. Damit also wären $1,8 \cdot 10^{12}$ kWh/Jahr die Hauptenergiequelle für eine Zukunft, in der die fossilen Brennstoffe aufgebraucht sein werden. Dabei gilt das wie gesagt bei maximaler Ausnützung aller fließenden Gewässer mit Gefälle. Derzeit werden in der ganzen Welt insgesamt etwa fünfeinhalb Prozent des Maximalwertes = $0,1 \cdot 10^{12}$ kWh/Jahr erzeugt. Hier eine Tabelle zur Veranschaulichung des Gesagten:

Gebiet	Höchstwert (in 10^6 kW)	derzeitiger Wert (in 10^6 kW)
Nordamerika	313	59
Südamerika	577	5
Westeuropa	158	47
Afrika	780	2
Mittlerer Osten	21	—
Südostasien	455	2
Ostasien	42	19
UdSSR	466	16
Australien	45	2
Ganze Erde	2857	157

Wie aus der Tabelle hervorgeht, besitzen Afrika, Südamerika und Südostasien die größten Reserven zur Ausnützung von Wasserkraft. Gleichzeitig sind diese Gebiete am ärmsten an Kohle — eine Tatsache, die für die Zukunft von Bedeutung sein könnte. Bisher haben wir mit enormen Zahlenwerten wie 10^{12} kWh/Jahr und Milliarden Tonnen Kohle jongliert. Um die Dinge anschaulicher zu machen, könnten wir auch eine Größe einführen, die einen gemeinsamen Faktor für hohe Energiewerte darstellt. Eine solche Größe ist der Faktor Q, der für Energie in weltweitem Maßstab angewendet wird.

Die Größe Q bezeichnet die Energie, die bei der Verbrennung von 38,4 Milliarden Tonnen Steinkohle gewonnen wird. Daß man gerade diesen

Wert gewählt hat, ist darauf zurückzuführen, daß die Engländer 1 Q mit 10^{18} BTU = British Thermal Units gleichgesetzt haben. Somit ist

$$1\,Q = \begin{cases} 38{,}4 & \text{Milliarden Tonnen Steinkohle (Verbrennung)} \\ 252 & \text{Trillionen cal } (252 \cdot 10^{18}\text{ cal}) \\ 290 & \text{Billionen kWh } (290 \cdot 10^{12}\text{ kWh}) \end{cases}$$

Das sind große Zahlen. Zeichnen wir die Kurve 1 und 2 noch einmal, wobei wir in der Y-Achse Q einsetzen, so ergibt sich, daß wir derzeit 0,2 Q/Jahr an fossilem Brennstoff verbrauchen.

Die Wasserkraft liefert uns im Augenblick nur 0,003 Q/Jahr und kann unter maximaler Ausschöpfung einen Wert von 0,05 Q/Jahr erreichen.

Dabei gilt das für die Lage, wie sie sich heute darstellt. Schon im Jahre 2000 haben wir vermutlich einen Bedarf von 0,5 Q pro Jahr, und 2070 sind wir möglicherweise bei einem Konsum von 1 Q/Jahr angelangt...

Werfen wir nochmals einen Blick auf unsere Kurve, jetzt in Q-Einheiten. In Kapitel 3 werden wir eine Inventur der Rohstoffvorräte vornehmen und untersuchen, was die Kernenergie für uns bedeuten könnte. Zunächst aber soll uns ein kurzer Rückblick ein Bild vom Entwicklungsweg der letzten zweihundert Jahre geben.

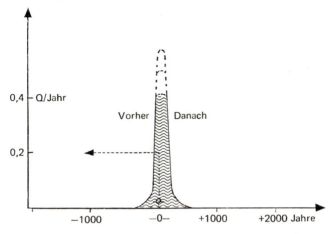

Fig. 3. Das gleiche Diagramm wie in Fig. 1, doch sind die Ziffern der Y-Achse in Q-Einheiten umgerechnet, um unseren jährlichen Energieverbrauch auf der Grundlage fossiler Kohle zu verdeutlichen. 1 Q = Verbrennungswert von 38,4 Milliarden Tonnen Steinkohle.

2. 1770 – 1870 – 1970

Analyse eines Zeitabschnitts

Blickt man zurück in die Vergangenheit, um der Verwendung von Kohle nachzugehen, so stellt man mit Verwunderung fest, daß eine nicht unbeträchtliche Zeit vergehen mußte, bis der Mensch, nachdem er einmal begonnen hatte, Kohle sozusagen für den Hausgebrauch zu verwenden, den Wert der Kohle — und später des Öls — auch für industrielle Zwecke erkannte. Schon Herodot erwähnt das aus der Erde quellende Öl (auf griechisch Naphta), mit dem gelegentlich Lampen gespeist wurden. Er spricht auch davon, daß die Ägypter den Asphalt als Dichtungsmittel kannten.

Über die ältere Geschichte der Steinkohle selbst haben wir nur bruchstückhafte Kenntnis. Wir wissen, daß in England schon vor dem 11. Jahrhundert Steinkohle gewonnen wurde, wenn auch lediglich in geringen Mengen, vermutlich als zusätzlicher Wärmespender für Häuser in waldarmen Gegenden. In älteren Schriften wird gelegentlich eine Naturalsteuer in Form von Holz, Kohle und Torf erwähnt. Schon früh erkannte man jedoch, daß sich die damaligen Herde und Feuerstätten wegen der unzureichenden Verbrennung und der damit verbundenen Vergiftungsgefahr nicht zum Heizen mit Steinkohle eigneten, zumal die Häuser nur primitive Lüftungsmöglichkeiten hatten. Edward I. (1239-1307) führte sogar die Todesstrafe für Personen ein, die Steinkohle zur Beheizung verwendeten — für so groß wurde die Gefahr der Kohlenmonoxydvergiftung angesehen. Das Gesetz blieb bis in die Regierungszeit Elisabeths I. teilweise in Kraft. Die Steinkohle als Energieträger spielte bis Anfang des 18. Jahrhunderts nur eine geringe Rolle, erlangte dann aber unerwartet Bedeutung als industrieller Rohstoff.

Die Eisenerzeugung beruhte seit undenklichen Zeiten auf dem Verfahren, Erz und Holzkohle zu entzünden, wobei das Feuer mit einem Blasebalg unterhalten wurde, um jene Weißglut hervorzubringen, bei der das Erz zu Klumpen schmilzt. Der Prozeß wurde vielfach verbessert, doch blieb die Tatsache bestehen, daß die Eisenerzeugung von drei Faktoren abhängig war:

Vorhandensein erstens von Erz, zweitens von Holzkohle, via Kohlenbrennerei, und drittens von Muskelkraft, um den Blasebalg zu bedienen.

Erst nachdem ein unbekanntes Genie das Wasserrad, in Wasserfällen und fließenden Gewässern anzubringen, erfunden hatte, konnten Blasebälge im Großformat ständig Luft in die Brennanlagen blasen und jenen Hitzegrad aufrechterhalten, der das Erz zum Schmelzen brachte, das in einem früheren Stadium abgezapft und gegossen werden konnte.

Hemmend wirkte sich jedoch mehr und mehr aus, daß dabei so große Mengen verwendet wurden. Grob gerechnet wurden für ein Kilo Eisen 1,6 Kilogramm Holzkohle gebraucht. Unternehmungslustige Leute in England wollten die Holzkohle durch die reichlich vorhandene Steinkohle ersetzen. Das Ergebnis war jedoch im allgemeinen entmutigend: Die Abgase der Steinkohle ergaben ein blasiges Eisen, das infolge des Schwefelgehalts der Kohle zudem noch spröde war. Viele gute Köpfe beschäftigten sich nun mit diesem Problem, und der beste unter ihnen kam auf die Idee, Meiler wie für die Holzkohlenherstellung zu bauen, die Steinkohle zu entgasen und daraus den Brennstoff zu gewinnen, den wir heute Koks nennen. Das Ergebnis war befriedigend: Koks war für die Eisenerzeugung vorzüglich geeignet. Als das 18. Jahrhundert zu Ende ging, sattelte man allmählich auf Retortenerhitzung um. Nebenprodukte wie Kohlengas und flüssiger Steinkohlenteer fanden erst im 19. Jahrhundert industrielle Verwendung.

Von der Mitte des 18. Jahrhunderts an ist die Herstellung von Kohle und Eisen aus Holz, Steinkohle und Erz fester Bestandteil des Flechtwerks, das die Geschichte der Industrie darstellt. Nun geschieht an zwei verschiedenen Fronten etwas Neues. Erstens entwickelt sich die Textilindustrie langsam aber sicher von der Heimindustrie zu einer mit Wasserrädern arbeitenden Großindustrie. Neue Methoden der Webtechnik kommen auf, die Textilindustrie erstarkt. Noch ist sie an die Wasserräder gebunden und damit an bestimmte Standorte. Doch schon ist eine Revolution auf dem Gebiet der Antriebskraft im Gange.

Der Engländer Newcomen hat jahrelang an einer Maschine zur Wasserförderung in Bergwerken gearbeitet. Sie beruht auf der Erwärmung von Wasser zu Wasserdampf und wird mit Holz oder Steinkohle geheizt. Der sich ausdehnende Dampf treibt ein Kolbensystem nach oben. Durch den Zufluß von kaltem Wasser kondensiert der Dampf zu Wasser, und die Kolben bewegen sich wieder abwärts. Ein horizontal montierter Querbalken fungiert als eine Art Wippe und ist an eine Pumpe zur Entfernung des Grubenwassers angeschlossen. Ein findiger Mechaniker, James Watt, verbessert die Maschine dahin, daß sie automatisch arbeitet. Nach und nach führt er das Prinzip der Expansion des heißen Dampfes und der Kondensation durch Abkühlung auf ein allgemein anwendbares System über: ein Kolben in einem dicht umschließenden Rohr wird dazu gebraucht, in hin- und hergehender Bewegung eine Pleuelstange mit einem angeschlossenen Schwungrad zu treiben. Treibkraft ist der Brennstoff, der das Wasser zu Dampf erwärmt. Hinzu kommt das in bestimmten Momenten der Drehbewegung eingespritzte Kühlwasser. Steinkohle treibt eine rotierende Achse mit einem Schwungrad — die Dampfmaschine ist erfunden!

Die neue Kraftmaschine war für die Textil- und für die Eisenindustrie ein Geschenk des Himmels. Man war nicht mehr, weil auf fließendes Wasser angewiesen, an bestimmte Standorte gebunden. Die aufkommenden Webereien und Gießereien konnten über eigene Dampfmaschinen verfügen.

Wir sind nun an dem Zeitpunkt angelangt, der allgemein als der Beginn der großen industriellen Revolution bezeichnet wird — der Revolution, die um 1770 einsetzte und bis 1830 dauerte. Während dieses Zeitraums wächst Englands Textilproduktion um das Fünfzigfache, und die Kraft, die diese Entwicklung bewirkt, ist die *fossile Kohle:* einstige Wälder und Pflanzen, die vor Jahrmillionen dank der Sonne als Energiequelle wuchsen und nun zur Verwendung in der Industrie hervorgeholt werden.

An dieser Stelle scheint eine kleine Stichprobe für die ganze Welt, Stand 1770, am Platze. Dabei müssen wir uns vor Augen halten, daß die Sonnenenergie, die kontinuierlich zur Erdoberfläche gelangt, im Jahre 1770 ebenso wie heute, 200 Jahre später, einen Energiebeitrag von 1200 Q/Jahr bedeutet, wovon der größte Teil für die Verdunstung des Wassers verbraucht wird. Wenn Wolken hoch über uns ihr Wasser abgeben, gewinnen wir in Strömen, Flüssen und Bächen einen minimalen Bruchteil in Form von mechanischer Energie — der Wasserkraft. Im 18. Jahrhundert bedeutete das den bescheidenen Beitrag von 0,0005 Q/Jahr. Die Ernte auf den Äckern können wir mit 0,0020 Q/Jahr einsetzen. Der Abbau von Kohle stellt um 1770 noch einen sehr geringen Zuschuß dar. Die industrielle Revolution in England hatte eben erst begonnen, und die Tabelle sieht so aus:

Stand 1770
Bevölkerung 0,9 bis 1 Milliarde

Wasserkraft	0,0005 Q/Jahr	
Windkraft	0,0005 Q/Jahr	0,0180 Q/Jahr
Getreideernte	0,0020 Q/Jahr	
Brennholz und Reisig	0,0150 Q/Jahr	
Fossile Kohle (Steinkohle)	0,0001 Q/Jahr	0,0001 Q/Jahr
Zusammen		0,0181 Q/Jahr

Extrazuschuß an Kohle unbeträchtlich

Die Tabelle zeigt, daß rund eine Milliarde Menschen so lebten, daß man von einem Gleichgewicht zwischen Kultur- und Naturlandschaft sprechen kann. Die 0,0180 Q/Jahr stellen die Energieleistung dar, mit der sich der Mensch 1770 begnügen mußte. Einige lebten gut, andere weniger gut. Man nahm Land unter den Pflug, fällte Bäume, brach Erz, jagte und fischte. Die Beförderung über Land geschah mit Pferdefuhrwerk, zum Teil auch über Kanalsysteme. Transporte über größere Entfernungen wurden von Segelschiffen besorgt. In den Städten wurde Handel getrieben, manche von ihnen waren Mittelpunkt von Kultur und Wissenschaft. Die Naturwissenschaften begannen Gestalt anzunehmen. Die Geologie blühte auf, die Jünger Linnés machten daheim und in fernen Ländern botanische Entdeckungen. Das geographische Wissen um die Erde nahm rapid zu: Kapitän Cook unternahm seine denkwürdigen Reisen um die Erde und entdeckte Neuseeland, einen Teil Australiens und die Inselwelt der Südsee. Je mehr wir uns dem 19. Jahrhundert nähern, desto mehr entwickeln sich Physik und Chemie. Luigi Galvani und Alessandro Volta legen den Grundstein der Elektrizitätslehre. In Schweden wird Berzelius später Weltspezialist auf dem Gebiet der Chemie.

Und es geht weiter. Chemie und Physik nehmen einen großen Aufschwung. Faraday und Örsted legen das Fundament des Elektromagnetismus, und auch an der biologischen Front geschehen große Dinge, die 1859 mit Darwins epochemachendem Werk über die «Entstehung der Arten» ihren Höhepunkt erreichen. In der Welt der Technik wird die Dampfmaschine immer mehr verbessert, und um 1830 tauchen bereits die ersten Dampfschiffe auf. Kohlengas (Kohlenmonoxid) und Steinkohlenteer finden immer größeres Interesse, das eine für Beleuchtungszwecke, das andere als Grundstoff für die aufkommende chemische Industrie. Anilin wird in großem Maßstab hergestellt, und um das aus Steinkohlenteer gewonnene Anilin wächst eine große Industrie zur Farbenherstellung empor. Die organische Chemie ist im Vormarsch. Die Grundeinstellung des 19. Jahrhunderts ist Optimismus. Alle Erfindungen werden als gut und nützlich betrachtet. Die Investitionslust ist groß.

Freilich gibt es auch Faktoren, die einer weiteren Expansion der Industrie entgegenstehen. Wohl ist die Dampfmaschine eine gute Sache, aber sie läßt sich nur in unmittelbarer Nähe der Fabrik selbst verwenden. Die Fortleitung von Energie über weite Strecken ist noch ein ungelöstes Problem. Faraday und Siemens haben zwar schon recht unförmige elektrische Generatoren gebaut und es zuwege gebracht, elektrische Energie über eine Entfernung von zweihundert Metern zu ebenfalls ziemlich klobigen Motoren zu leiten. Aber erst zu Beginn der siebziger Jahre gelingt Gramme und Siemens der Durchbruch: die Konstruktion kompakter elektrischer Generatoren und elektrischer Motoren. Ein stationäres Dampfkraftwerk, das einen Generator treibt, kann nun über elektrische Leitungen Energie kilometerweit an den Verbrauchsschwerpunkt führen. In geeigneten Gebieten benutzt man zum Antrieb von Generatoren modern konstruierte Schaufelräder. Neben den Steinkohle schluckenden, dampfgetriebenen Generatoren kommt nun auch die Wasserkraft wieder zu ihrem Recht. Ein Netz von elektrischen Leitungen überzieht das Abendland.

So schön das alles klingen mag, man darf dabei einen sozialen Faktor in der industriellen Entwicklung nicht übersehen. Die große industrielle Revolution erforderte, namentlich in England, immer mehr Arbeitskräfte. Jeder Großbetrieb ließ in seinem Umkreis einfache Arbeiterbehausungen errichten, die von primitiven Kohleöfen beheizt wurden, wobei jedes Haus sozusagen einen eigenen Auspuff für das Entweichen von Kohlengasen und veraschtem Staub hatte. So entstanden die berüchtigten «schwarzen Städte». Die noch unberührten Landstriche wurden entvölkert, weil viele ihrer Bewohner ein besseres Auskommen in den rußgeschwärzten Industriegebieten erstrebten. Ruß war überall, ein Schleier schwarzen Staubes. Wer über die von unseren heutigen Fabriken verschuldeten biologischen Mißstände klagt, sollte sich einmal in den grauen Alltag des Industrieproletariats um die Mitte des 19. Jahrhunderts hineinversetzen. Und das gilt nicht nur für England, sondern auch für Deutschland, Frankreich und die USA. Zum Glück konzentrierten sich die Industriebetriebe in bestimmten Regionen, meist in der Nähe von Flüssen, aber indirekt mußte man für die Industrieerzeugnisse einen hohen Preis bezahlen: einen Preis in Menschenleben.

Als Protest gegen die Umwelt und die sozialen Verhältnisse, in denen das Proletariat zu leben gezwungen war, entstand in jenen Jahren die organisierte Arbeiterbewegung. Die Natur verfügte noch über eine gewisse Kapazität, die Abfallprodukte der an Flüssen und Seen gelegenen Industrien zu verkraften und der Umweltverschmutzung zu begegnen. Für die Beförderung über lange Strecken wurde das Eisenbahnnetz erweitert. Tausende Dampflokomotiven alten Typs, die eine lange Reihe von Wagen schleppten, verschmutzten die Tunnels in unbeschreiblicher Weise. Mit Elektrizität getriebene Lokomotiven kamen erst weit später in Gebrauch. Sogar die Züge der Untergrundbahnen in den Großstädten wurden von Dampflokomotiven gezogen! Es war das Zeitalter des Rußes, und rußgeschwärzt war das Gesicht, das der Westen der Welt zeigte.

Eine Bestandsaufnahme für jene Zeit — entsprechend der für das Jahr 1770 — sieht in runden Ziffern folgendermaßen aus:

Stand 1870
Bevölkerung 1,3 bis 1,4 Milliarden

Wasserkraft	0,0005 Q/Jahr	
Windkraft	0,0005 Q/Jahr	0,019 Q/Jahr
Getreideernte	0,0030 Q/Jahr	
Holz und Reisig	0,0150 Q/Jahr	
Fossile Kohle (Steinkohle)	0,0400 Q/Jahr	0,040 Q/Jahr
Zusammen		0,059 Q/Jahr
Unterschuß, gedeckt durch Abbau von Kohle		0,040 Q/Jahr

Wie man sieht, tritt das Erdöl, das Petroleum, noch nicht in Erscheinung. Aber zu Beginn der siebziger Jahre beginnt ein betriebsamer Herr namens Oberst Drake, in Pennsylvanien nach Öl zu bohren. Die Ergebnisse sind so befriedigend, daß zur weiteren Erschließung eine Gesellschaft gegründet wird und allmählich Destillationsanlagen gebaut werden. Der große Ölrausch, der bis heute nicht vorüber ist, setzte in den achtziger Jahren ein. Das Erdöl hat gegenüber der Steinkohle einen entscheidenden Vorteil: es läßt sich leicht in verschiedene Produkte zerlegen. Es gibt das leichtflüchtige Benzin, das schwerer flüchtige Petroleum, ein recht zähflüssiges Öl, Schmieröl sowie Ölpech. Alle diese Erzeugnisse haben ihren besonderen Anwendungsbereich: Petroleum dient zunächst vorwiegend für Leuchtzwecke; das Schmieröl ersetzt vegetabilische Öle und Fette in Lagern aller Art, und Benzin war zunächst ein vielversprechendes Lösungsmittel. Es sollte jedoch nicht lange dauern, bis das Benzin seinen großen Anwendungsbereich als Treibstoff bekam.

Drei deutsche Techniker arbeiteten jeder für sich an der Entwicklung eines von einem Öldestillat angetriebenen Kolbenmotors, Carl Benz, Gottlieb Daimler und Rudolf Diesel. Benz schaffte es als erster — mit einem kleinen, einfachen Zweitaktmotor, einmontiert in ein Gefährt, das das erste anwendbare Automobil darstellt. Man schreibt das Jahr 1885. Das Gefährt erreicht die imponierende Geschwindigkeit von 19 Stundenkilometern und löst eine Lawine von Neu- und Umkonstruktionen aus. Das Auto erscheint im Verkehr. Nun baut Diesel einen vierzylindrigen Motor, der mit gereinigtem Rohöl getrieben wird.

Alle diese Erfindungen spornen die Erdölindustrie zu höchstem Einsatz an. Aber noch vor der Jahrhundertwende geschehen auch andere Dinge, die der auf dem Wege der Industrialisierung fortschreitenden Gesellschaft ihren Stempel aufprägen. Alfred Nobel erfindet das Dynamit, und in Schweden wird eines der größten Eisenerzvorkommen entdeckt. Andere Metalle werden in ungeahnten Mengen gewonnen. Die Kommunikationsmittel werden ausgebaut, die Eisenbahnnetze mehr und mehr erweitert. Auch auf dem Gebiet der Physik kündigt sich Großes an. G. Marconi gelingt es, elektromagnetische Schwingungen über immer größere Entfernungen zu senden. 1901 kann er bereits auf einer Empfangsstation in Boston Signale aus Poldhu in Cornwall auffangen. Die drahtlose Telegraphie über den Ozean wird Wirklichkeit. 1936 ist das erste Fernsehbild zu sehen, und heute leben wir in einer Welt, in der Rundfunk und Fernsehen zum Alltag gehören. Das enorme Tempo der industriellen Entwicklung läßt sich an der Entwicklung der Luftfahrt ablesen: die Flüge der Brüder Wright im Jahre 1904, Lindberghs Überquerung des Atlantik 1927 und die Düsenflugzeuge von heute, die Hunderten Passagieren Platz bieten. Die Spaltung des Atoms in größerem Maßstab gelingt 1942 — und 1959 ist das erste Kernkraftwerk in vollem Betrieb. 1969 landet der erste Mensch auf dem Mond.

Und außerdem: Allein in diesem Jahrhundert konnten wir uns zwei Weltkriege leisten...

Bei all diesen technischen und wissenschaftlichen Fortschritten ist indessen gerade in jüngster Zeit ein Unterton von Unruhe zu vernehmen. Der Mensch des Jahres 1770 war auf seine Art mit der industriellen Entwicklung recht zufrieden. Sie brachte dem Fabrikarbeiter mehr Geld, wenn auch um den Preis gewisser sozialer Mißstände. Die Reichen ihrerseits konnten noch reicher werden. In Anbetracht des bescheidenen Raumes, den die Industrieanlagen einnahmen, war die Gefahr einer Umweltverschmutzung ein Faktor, den man übersehen konnte.

Den Menschen des Jahres 1870 war durchwegs ein Zug von Zukunftsoptimismus eigen. Alle Erfindungen auf dem Gebiet der Wissenschaft und Technik wurden als Beiträge zu dem Netz von Industrieanlagen aufgefaßt, das, namentlich im Rohstoffsektor, die ganze Erde zu umspannen begann. Die Erde selbst wurde meist als eine unversiegbare Quelle von Kohle und Mineralien angesehen. Daß mancherorts, so etwa im Rhein-Ruhr-Gebiet, in den intensiv wachsenden Industriestädten Englands und in den USA, sozial-ökologische Probleme aufzutauchen begannen, wurde kaum beachtet. Noch hielt die Natur — Atmosphäre und Wasserläufe — ein gewisses Gleichgewicht mit den gasförmigen und flüssigen Abfällen der Fabriken.

Für den Menschen unserer Zeit hat das Problem der Luft- und Wasserverschmutzung ein Stadium erreicht, wo wir nicht mehr die Augen davor verschließen können, daß wir allmählich die Meere und die Atmosphäre verseuchen, und dies nicht nur in bestimmten Regionen, sondern in größtem Umfang. Die Expansion der Industrie hat sich seit 1870 ungefähr verzehnfacht, der Verbrauch an fossilen Brennstoffen ebenfalls. Das Ablassen von

Rohöl und verbrauchten Schmierölen ist einer der Faktoren bei der allgemeinen Verschmutzung fließender Gewässer, ja sogar der Weltmeere. Wir sind Insektiziden gegenüber mißtrauisch geworden. Der Betrieb von Kernreaktoren ist ein Problem für sich. Wie sollen wir Tausende Tonnen radioaktiver Abfälle beseitigen? Sollen wir sie vergraben oder versenken? Die jüngere Generation fragt bereits sich und uns, wohin wir eigentlich steuern. Eine durchaus berechtigte Frage, zumal wenn man den Grad der Bevölkerungsexplosion in Betracht zieht!

Jedenfalls ist es am Platz, auch für unsere Zeit Bilanz zu ziehen.

Stand 1970
Bevölkerung 3,9 bis 4 Milliarden

Wasserkraft	0,003 Q/Jahr	
Getreideernte	0,007 Q/Jahr	0,020 Q/Jahr
Holz und Reisig	0,015 Q/Jahr	
Fossile Kohle Steinkohle, Erdöl, Erdgas	0,200 Q/Jahr	0,200 Q/Jahr
Zusammen		0,220 Q/Jahr
Unterschuß, durch Fossilkohle gedeckt		0,200 Q/Jahr

Ein Vergleich der Tabellen für 1770, 1870 und 1970 zeigt, daß die Bilanz für 1770 stimmt. 1870 hatten wir ein Defizit an zugänglicher Energie, das durch die Verbrennung von Steinkohle in einem Ausmaß von 0,04 Q/Jahr gedeckt werden mußte. Hundert Jahre später sind wir genötigt, ganze 0,2 Q/Jahr in Form von Steinkohle, Erdöl und Erdgas zu verbrauchen. Im Jahre 2000 wird die Lage vermutlich so bedenklich sein, daß wir etwa 0,4 Q/Jahr vom Konto abheben müssen. Es ist freilich nicht ausgeschlossen, daß bis dahin eine gewisse Entlastung eintritt. Vielleicht liefert die Atomenergie einen Zuschuß zur Energiebilanz, doch sind die Vorkommen von Uran wie auch anderer Metalle keineswegs unerschöpflich.

Es ist vernünftig, einen Kontoauszug über unsere Guthaben an Kohle zu verlangen, denn es ist höchste Zeit, daß wir Einblick in die Kreditseite nehmen. Im Jahre 2000 wird sich die Erdbevölkerung den sieben Milliarden nähern.

3. Ein bedenklicher Kontoauszug

In den letzten Jahren ist die chemisch-technische Literatur um zahlreiche Statistiken über den Umfang der auf und in der Erde existierenden Lagerstätten fossiler Kohle bereichert worden. Die Werte, zu denen man gelangt ist, halten sich innerhalb eines bestimmten Rahmens, in dem die Maximal- und die Minimalwerte vermerkt werden können. Die Maximalwerte gründen sich auf

1. bereits bekannte Vorkommen in Abbau
2. mit Sicherheit festgestellte Funde, noch nicht in Abbau
3. optimistische Spekulationen

Die Minimalwerte nehmen die Punkte 1 und 2 zur Grundlage und schließen Spekulationen — 3 — aus. Unter diesem Gesichtswinkel läßt sich eine einfache Tabelle aufstellen:

Fossile Kohle in Ablagerungen, für 1970 berechnet

	Max.	Min.	Richtwerte
Steinkohle, Braunkohle, Torf	200 Q	100 Q	150 Q
Öl, Ölsand, Ölschiefer	15 Q	5 Q	10 Q
Erdgas	4 Q	2 Q	4 Q
Summe fossiler Kohle (ungefähr)	220 Q	110 Q	170 Q

Die Richtwerte entsprechen in ihrem Größenverhältnis etwa der Wirklichkeit.

Aus diesen Werten können, dem Rhythmus des jährlichen Verbrauchs entsprechend, mehrere Zeitspannen berechnet werden. Nimmt man an, daß die Werte für Q/Jahr durch die Dezimalen 0,1, 0,2, 0,4 und 0,8 gegeben sind, so ergibt sich folgende Tabelle:

Verbrauch/Jahr	*Lebensdauer fossiler Kohlenablagerungen*	
	110 Q	170 Q
0,1 Q 1940	1100 Jahre	1700 Jahre
0,2 Q 1970	550 Jahre	850 Jahre
0,4 Q 2000 ?	275 Jahre	425 Jahre
0,8 Q 2150 ?	100 Jahre	210 Jahre

Natürlich ist dies eine höchst vereinfachte Berechnung. In Wirklichkeit entstehen mehrere glokkenförmige Kurven, in denen das Schwinden der Lager mehr oder weniger steil verläuft:

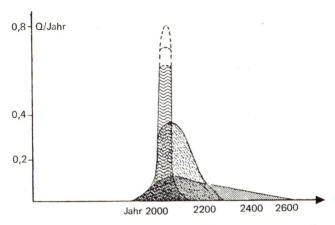

Fig. 4. Das Diagramm verdeutlicht eine sehr simple Tatsache: Je schneller der Mensch seine Energiequellen verbraucht, desto kürzer ist der Zeitraum bis zum Verschwinden des Vorrats.

Das obenstehende Diagramm ist natürlich als angenäherte Darstellung aufzufassen, aber da wir nach den Berechnungen im Jahre 2000 die Produktion 0,4 Q/Jahr erreichen dürften, haben wir unbestreitbar nur mehr kurze Zeit für das bisherige Tempo. Vielleicht kaum mehr als 200 Jahre. Zwischen 2300 und 2500 n. Chr. sinkt dann die Kurve auf den Nullpunkt. Bei einer Produktionsziffer von 0,8 Q/Jahr wären die Vorräte schon um 2200 unserer Zeitrechnung zu Ende.

Wie man sieht, bleiben uns also wahrscheinlich nur noch 200 bis 300 Jahre, in denen wir auf dem Standard von 1970 leben können, notabene einem Standard, der heute vorwiegend den Industrieländern vorbehalten ist; wollten wir die Entwicklungsländer mit den gleichen Energiemengen versorgen, wie wir sie in den Industrieländern verbrauchen, würde dies zu ungeheuerlichen Ergebnissen führen. Wir müßten fossile Kohle in einem Tempo abbauen, das 1,6 Q/Jahr entspräche. Dann wären unsere Vorräte längstens in hundert Jahren aufgebraucht.

Was diese Bilanz so entmutigend macht, ist vielleicht nicht so sehr die Tatsache, daß wir durch die Verbrennung fossiler Kohle Energie vergeuden. Schwerer wiegt, daß wir damit auch die Grundlage der petrochemischen Industrie zerstören. Wir verheizen ganz einfach die Rohstoffe, die zur Herstellung von ganz wichtigen Dingen notwendig sind, die wir im täglichen Leben gebrauchen, ohne an ihren chemischen Ursprung zu denken: Kohlenwasserstoff und andere organische Verbindungen in Steinkohle, Braunkohle, Torf, Öl und Erdgas. Man muß sich doch zwangsläufig fragen, ob es nicht vernünftiger wäre, das noch vorhandene Kapital an fossiler Kohle zu sparen und statt dessen allen Ernstes auf Kernenergie umzusteigen.

Dies ist ein an sich richtiger Gedanke, aber vorläufig liefern uns die wenigen vorhandenen Atomreaktoren — mit Uran als Basis — nur einen recht kleinen Zuschuß zu unserem Energieverbrauch. Es handelt sich dabei um recht «veraltete» Typen von Reaktoren, und sie nützen etwa zwei Prozent der dem Uran innewohnenden Energie aus. Gewiß, es wird fieberhaft daran gearbeitet, den Energieertrag aus Uran auf achtzig bis neunzig Prozent zu steigern, und zwar in sogenannten «schnellen Brütern». Vorläufig haben wir aber noch keine hinreichende Erfahrung, wie ein Reaktor in großem Maßstab nach dem Brutsystem auf der Ebene hoher Energie funktioniert. Nehmen wir aber an, daß wir an der Schwelle zum Jahre 2000 Brutreaktoren in so großer Zahl und mannigfaltiger Bauart zur Verfügung haben, daß wir den Verbrauch an fossiler Kohle einschränken können. Brauchen wir beispielsweise nur 0,2 Q anstatt 0,4 Q/Jahr, so sparen wir die Hälfte unserer fossilen Kohle. Sind wir zudem noch imstande, im Laufe von hundert Jahren die Anzahl der Reaktoren zu verdoppeln, so könnten wir uns mit einem Verbrauch von 0,1 Q/Jahr an fossilem Brennstoff für die Energiegewinnung begnügen.

Die Sache hat jedoch einen Haken: Uranerze kommen nur spärlich vor, und sie sind keineswegs unbegrenzt erschließbar. Hinzu kommt, daß die Gewinnung von Uran, selbst aus reichen Vorkommen, viel Energie und Chemikalien erfordert. Uranärmere Minerale beanspruchen noch mehr Energie und Chemikalien. Erreicht der Gehalt eine bestimmte untere Grenze, so ist die Gewinnung von Uran ganz einfach unmöglich. Man hat berechnet, daß die erschließbaren Uranvorkommen schon im

Jahre 2200 erschöpft sein dürften, selbst wenn Hochenergiereaktoren für die Energieproduktion der Erde sorgten. Hinzu kommt ein weiterer Umstand, der dem Uran und anderen radioaktiven Elementen gemeinsam ist: es ist schwierig, die Neben- oder Beiprodukte loszuwerden. Schon jetzt wird lebhaft diskutiert, was man mit dem Atommüll anfangen soll. Ihn vergraben oder in die Tiefe des Meeres versenken? Noch hat man kein völlig risikofreies System gefunden. Wenn sich aber schon jetzt Schwierigkeiten ergeben, wie wird es dann um das Jahr 2050 aussehen, wenn wir den größten Teil unserer Energie aus Kernkraft beziehen? Tausende Tonnen radioaktiven Abfalls wären dann zu beseitigen.

Wir haben um einen Kontoauszug über unsere Energieressourcen gebeten. Das Ergebnis ist, daß wir im allergünstigsten Fall noch etwa 300 Jahre mit einem Verbrauch von 0,4 Q/Jahr rechnen können, wenn man das Jahr 2000 als Ausgangspunkt nimmt. Das gilt in gleicher Weise für fossile Kohle wie für Uran. Wie steht es nun mit anderen Rohstoffen, etwa den Metallen? Auch darüber können wir einen «Kontoauszug» bekommen.

Gehen wir vom heutigen Stand der Technik und dem jetzigen Verbrauchstempo aus, so erhalten wir für die Erzgewinnung und die Reinerzeugung von Metallen folgende Ergebnisse:

Metalle	Die heutigen Mineralvorkommen reichen für
Eisen	400 bis 1000 Jahre
Chrom	400 bis 500 Jahre
Aluminium	200 bis 300 Jahre
Mangan	200 bis 300 Jahre
Molybdän	200 bis 300 Jahre
Kobalt	150 bis 300 Jahre
Nickel	150 bis 250 Jahre
Wolfram	100 bis 200 Jahre
Kupfer	100 bis 200 Jahre
Zink	100 bis 200 Jahre
Zinn	100 bis 200 Jahre
Uran	100 bis 200 Jahre

Vielleicht ergibt die Tabelle mit ihrer Auswahl lebenswichtiger Metalle ein zu pessimistisches Bild. Die Entwicklung steht auch auf metallurgischem Gebiet nicht still, und Erzlager mit verhältnismäßig niedrigem Metallgehalt sind heute dank moderner Methoden abbauwürdig. Die Tabelle gilt außerdem nur für die Mineralvorkommen im Boden. Die Aussichten für die Gewinnung von Mangan und Magnesium aus dem Meer sind etwas günstiger. Was das Mangan betrifft, so hat man ausgedehnte Unterwasserfelder auf den Kontinentalsockeln gefunden, wo Mangan in Sandform — englisch *noodles* — vorkommt. Die Vorkommen sollen reich genug sein, um einen Abbau großen Stils zu ermöglichen. Die Gewinnung von Magnesium aus Meerwasser ist bereits in vollem Gang; das Magnesium tritt hier in Form von Salzen auf: Magnesiumchlorid, -sulfat, -bromid usw., und die Rohstoffquelle ist in diesem Fall so gut wie unerschöpflich. Bei einem jährlichen Abbau von 1 Million Tonnen über 1 Million Jahre würde der Magnesiumgehalt des Meerwassers nach den Berechnungen nur von 0,13 auf 0,12 Prozent sinken!

Das Metall Titan, in jüngster Zeit in großem Stil verwendet, wird aus Titantetrachlorid und Magnesiummetall hergestellt. Als Metall scheint Titan eine große Zukunft zu haben, ungefähr wie einst das Eisen. Dies wären also zwei Metalle, die wir noch eine lange Periode hindurch gewinnen können — also immerhin ein Lichtblick.

Ansonsten dürften die Fakten, die sich aus unseren «Kontoauszügen» für fossile Kohle, Uran und andere Metalle ergeben, eher deprimierend wirken. Was die Lage für lange Zeit retten könnte, wäre die Entwicklung von Fusionsreaktoren mit nahezu unbegrenzter Energieproduktion.

In einem gewöhnlichen Uranreaktor wird ein $Uran^{235}$-Stück unter Entwicklung von Neutronen und Freisetzung ungeheurer Wärmeenergie in kleinere Atome gespalten. Die Uranspaltung wird Fission genannt, und ihr Gegenpol ist die Fusion, bei der zwei Atomtypen zu einem neuen Grundstoff «verschmelzen». Eine Anzahl solcher Reaktionen haben wir einerseits an der Sonne, anderseits in unseren Wasserstoffbomben beobachtet.

Beispiel:

$${}^2_1D + {}^2_1D \rightarrow {}^3_2He + 3{,}2 \text{ Megaelektronenvolt (Mev.)}$$
$${}^2_1D + {}^2_1D \rightarrow {}^3_1T + H + 4{,}0 \text{ Mev.}$$
$${}^2_1D + {}^3_1T \rightarrow {}^4_2He + n + 17{,}6 \text{ Mev.}$$
$${}^6_3Li + n \rightarrow {}^4_2He + {}^3_1T + 4{,}8 \text{ Mev.}$$

Diese Aufstellung bedarf einiger Erklärungen. D ist das chemische Zeichen für «schweres» Wasser, das in Form von D_2O zu 0,2 Prozent im gewöhnlichen Wasser (H_2O) enthalten ist. D_2O läßt sich leicht aus gewöhnlichem Meerwasser herstellen. Reines D_2O kostet einen Tausendkronenschein pro Liter. Li ist das Symbol für Lithium, ein Metall, das sich aus gewissen Mineralen, vielleicht sogar aus Meerwasser, gewinnen läßt.

Bei allen in der Aufstellung enthaltenen Reaktionen wird Energie frei, aber wohlgemerkt nur, wenn sie sich bei Temperaturen von 1 bis 2 Milliarden Grad abspielen — genau dem Hitzegrad, den Atombomben im Augenblick der Zündung entwickeln. Durch die Kombination einer «gewöhnlichen» Uranbombe als Zündhütchen mit einer D- oder Li-Beschichtung entsteht eine Wasserstoffbombe. Zahllose Versuche werden angestellt, um die Fusion mit ihren verschiedenen Reaktionen unter Kontrolle zu bekommen und so ungeheure Energiemengen aus einer Art Blaslampe zu gewinnen, die in irgendeiner Form mit D und Li gespeist wird. Falls das gelingt, wäre das Energieproblem für die nächsten hundert Jahre gelöst. Wenn nicht, wird es vermutlich zu spät sein, Material und Energie zum Montieren des ersten Fusionsreaktors für praktische Zwecke zu mobilisieren.

Ein wirklich großzügiger Einsatz auf dem Gebiet des Fusionsreaktors wäre gut angelegtes Kapital — solange wir uns derlei noch leisten können. Wir dürfen annehmen, daß das Deuterium, das D, das sich in allen Meeren findet, einen Energiebedarf von 1 Milliarde Q decken könnte! Ist das nicht jeden Einsatz wert?

Inzwischen aber können wir über unseren «Kontoauszügen» brüten und uns fragen, wie lange wir noch durchzuhalten imstande sind. Mit oder ohne Fusionsenergie. Und dann ist da noch das Problem der Bevölkerungsexplosion. Wie man sieht, sind viele Fragen offen...

4. Wie lange noch...?

Die im vorliegenden Kapitel behandelten Fragen bilden gleichsam den Ausgangspunkt zu der allgemeinen Frage: Wie lange kann der Homo sapiens auf einem höheren Niveau als dem steinzeitlichen überleben? Wir haben gesehen, daß unserem Vorrat an Metallen, einschließlich Uran, beim heutigen Verbrauchstempo eine Frist von 200 bis 500 Jahren gesetzt ist. Der Abbau unserer fossilen Kohle läßt für die nächsten 200 bis 600 Jahre die Möglichkeit der Energieversorgung, wohlgemerkt in begrenztem Ausmaß, zu.

Was nun den Metallverbrauch betrifft, ist es unerläßlich, daß unsere Industrien — und jedermann! — von seiten der Regierungen angehalten werden, äußerst sparsam zu sein und Metalle in möglichst großem Umfang wiederzuverwerten. Durch Neuverarbeitung von eingezogenen Metallerzeugnissen wären einige hundert Jahre zu gewinnen. Das ist immerhin etwas — aber dazu sind, wenn wirklich etwas erreicht werden soll, wirksame Maßnamen «von oben» erforderlich.

Hinsichtlich der fossilen Kohle sind wir bei der heutigen Energieknappheit wohl kaum imstande, den Abbau von Kohle, Öl, Naturgas usw. zur Verwendung in unseren Kraftwerken herabzusetzen.

Eine Wiederverarbeitung von Kohlenstoffverbindungen aus Plastprodukten ist natürlich technisch möglich, doch macht dies einen Bruchteil der Fossilkohle aus, die wir verbrennen. Uranreaktionen als Kraftquellen können natürlich in Grenzen die angespannte Lage in der Energieversorgung erleichtern, aber sie stellen eine teure, gefährliche und nur vorübergehende Lösung des Energieproblems dar. Fusionsreaktionen haben noch keine positiven Resultate ergeben, nicht einmal im Laboratorium. Vorläufig deutet nichts darauf hin, daß sich das Fusionsproblem anders meistern läßt als in Form von Wasserstoffbomben.

Die Zeit arbeitet gegen uns, und am beängstigendsten ist der steile Anstieg der Bevölkerungskurve. Ein Blick auf Figur 5 ist erschreckend genug. Und was noch schlimmer ist: Die steigende Tendenz wird sich, falls nicht Entscheidendes geschieht, bestimmt noch hundert Jahre im gleichen Rhythmus fortsetzen.

Es ist fast wie ein Alptraum. Da sitzen wir, die Bewohner der Industrieländer, und wissen ganz genau, wie rasch sich unsere Rohstoffe zur Material- und Kraftversorgung erschöpfen — und zu gleicher Zeit wächst die Bevölkerung in gewissen Regionen der Entwicklungsländer in geometrischer Progression. Immer weiter, immer schneller. Wie das Diagramm zeigt, sind es hauptsächlich die Entwicklungsgebiete in Ostasien, Afrika und Südamerika, in denen die Bevölkerungsexplosion stattfindet. Die Wachstumsziffern der Industrieländer hal-

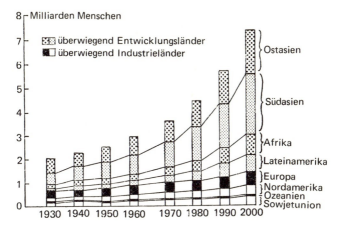

Fig. 5. Wachstum der Erdbevölkerung von 1930 bis zum Jahre 2000. Die Zeichnung zeigt die Bevölkerung der verschiedenen Regionen für diesen Zeitraum in kästchenförmiger Anordnung übereinandergestaffelt. Nach Ehrlich und Ehrlich 1971.

ten sich auf einem akzeptablen Niveau, auch wenn sie vielleicht an der oberen Grenze liegen.

Die größte Schwierigkeit für eine Senkung der Fruchtbarkeit in den Entwicklungsländern dürfte darin bestehen, daß die Massenmedien ganz einfach Milliarden von Menschen nicht erreichen, die, an der Hungergrenze lebend, kein Rundfunkgerät besitzen. Außerdem muß damit gerechnet werden, daß Milliarden dieser Menschen, selbst wenn es gelänge, sie über Familienplanung aufzuklären,

Pillen, Pessare und Kondome als abendländisches Teufelswerk betrachten würden, da diese Dinge in direktem Widerspruch zu einem tief wurzelnden und erbbedingten Verhalten stehen. Man denke bloß daran, daß Kinder männlichen Geschlechts für Millionen und aber Millionen einen Zuschuß zu der Muskelkraft bedeuten, die auf — niemals mit dem Traktor bearbeiteten — Feldern einfach eine Notwendigkeit ist. Viele arbeitende Hände sind gleichsam eine Altersversicherung.

Möglicherweise ist das Bevölkerungsproblem in gewissen Ländern, wenn auch unbewußt, eine politische Angelegenheit. Eine zahlenmäßig große Bevölkerung kann in einem bewaffneten Konflikt bekanntlich ein Machtfaktor sein, sie kann, selbst wenn sie es mit einem rüstungsmäßig überlegenen Gegner zu tun hat, die auf dem Schlachtfeld entstandenen Verluste schnell wieder ausgleichen. Der Krieg der USA gegen Nordvietnam ist ein Schulbeispiel dafür, daß verhältnismäßig wenige Soldaten, und seien sie selbst auf das modernste bewaffnet, immer einen schweren Stand gegen ein einfach ausgerüstetes, aber nach Hunderttausenden zählendes Volksheer haben.

Indessen sei festgestellt, daß in geduldiger Überzeugungs- und Aufklärungsarbeit über Geburtenregelung die Bevölkerung eines Gebietes mittels moderner Hilfsmittel stabilisiert werden kann. Ein anderer, direkter Weg ist es, die Steuern nach der Kinderzahl zu staffeln. Eine Familie mit zwei Kindern käme beispielsweise in die niedrigste Steuerkategorie, wogegen die Besteuerung für jedes weitere Kind progressiv anstiege. Der Gedanke ist realistisch und vor allem für den gemeinen Mann in jedem Land der Erde faßbar, ganz gleich ob er sich für Weltprobleme interessiert oder nicht. Natürlich besteht beim Vorhandensein eines Mehrparteiensystems die Gefahr, daß jene Partei, die ein Steuerprogramm nach dem skizzierten Plan vorlegt, sich Sympathien verscherzt. In einer Diktatur, wie etwa in China, ließe sich eine Geburtenregelung mit Hilfe des Steuersystems leichter durchführen. Immerhin steht außer Frage, daß eine auf Besteuerung beruhende Familienplanung für die meisten Menschen begreiflich wäre. So dürfte mit Hilfe moderner Mittel eine Geburtenbeschränkung, wenn auch unter einigem Murren, realisierbar sein.

Nahrung für Milliarden

Die Bodenfläche, die für eine Landwirtschaft im traditionellen Sinn zur Verfügung steht, mißt rund gerechnet 15 Millionen Quadratkilometer.

Vom gesamten Landareal der Erde, $144 \cdot 10^6$ Quadratkilometer, sind ungefähr zehn Prozent von ewigem Schnee und Eis bedeckt. Die Tundraregionen umfassen zehn Prozent, reine Wüstengebiete fünfzehn Prozent. Demnach bleiben etwa $100 \cdot 10^6$ Quadratkilometer, wovon fünfzehn Prozent intensiv genutzter Boden sind; diese $15 \cdot 10^6$ Quadratkilometer stellen ein Zehntel des gesamten Landareals der Erde dar. Der Rest der potentiell nutzbaren Landflächen besteht zu dreißig Prozent aus Wald und zu fünfundzwanzig Prozent aus Gelände, das sich nur schwer urbar machen läßt.

Verteilung der 144 · 10^6 Quadratkilometer Landfläche der Erde

Mit ewigem Eis bedeckte Polargebiete	10 %	15 · 10^6 km²
Tundra	10 %	15 · 10^6 km²
Wüste	15 %	21 · 10^6 km²
Wald	30 %	42 · 10^6 km²
Schwer bestellbares Gelände und Steppe	25 %	36 · 10^6 km²
Nutzfläche	10 %	15 · 10^6 km²
	100 %	~150 · 10^6 km²

Die Aussicht, die landwirtschaftliche Nutzfläche durch Neuverteilung zu vermehren, ist sehr gering, soweit es sich um die Urbarmachung von Steppen und schwierigem Gelände handelt. Ein gewisser Eingriff in die Waldgebiete zur Erschließung neuer Getreideanbauflächen ist natürlich denkbar, doch hat ja gerade der Wald ganz bestimmte Funktionen im ökologischen Gleichgewicht.

Wir müssen uns eben mit der Tatsache abfinden, daß nur 15 Millionen Quadratkilometer oder 1500 Millionen Hektar für den Anbau zur Verfügung stehen. Im Jahre 2000 dürfte die Erdbevölkerung 7,5 Milliarden Menschen zählen. Verteilen wir unsere 1500 · 10⁶ Hektar gleichmäßig auf die ganze Erdbevölkerung, so hat jeder Bewohner 0,2 Hektar «gute» Erde zur Verfügung. Dies gilt für das Jahr 2000. Somit hätte dreißig Jahre zuvor, als die Erdbevölkerung nur 3,75 Milliarden betrug, theoretisch jeder 0,4 Hektar zur Nutzung gehabt.

Eine Kontrollrechnung läßt sich anhand des mittleren Weizenertrags je Hektar in Mexiko anstellen. Nach den vorliegenden Zahlen belief sich im Jahre 1964 der Hektarertrag bei intensiver Nutzung auf 2600 Kilogramm pro Jahr, was für 0,2 Hektar 520 Kilogramm im Jahr oder 1,5 Kilogramm pro Tag und pro Person ausmacht. 1,5 Kilogramm Weizen enthalten 4500 Kalorien Nährwert, hinreichend für einen Menschen, der Feldarbeit verrichtet. Doch muß ausdrücklich gesagt werden, daß der genannte Ernteertrag von einer Versuchsstation stammte, wo die Rockefeller Foundation in Zusammenarbeit mit der mexikanischen Regierung 1945 den Boden nutzbar gemacht hatte. Die Ertragsziffer für jenes erste Jahr: 750 Kilogramm Weizen je Hektar = 150 Kilogramm Weizen je 0,2 Hektar. Auf Kalorien, Tage und Personen bezogen bedeutet das 1250 Kalorien je Tag und Person, mit anderen Worten: Hungerkost.

Man kann also anhand dieses Beispiels feststellen, daß die gleiche Bodenfläche bei sorgsamer Pflege, Aussaat moderner Weizensorten und hinreichender Bewässerung einen bedeutend höheren Ertrag abwirft. In unserem Fall handelt es sich um eine in der Zeit von 1945 bis 1964 erzielte Ertragssteigerung von 750 auf 2600 Kilogramm Weizen je Jahr und Hektar. Würde man den Durchschnittsertrag aller Weizenanbauflächen der Erde errechnen, so käme man vermutlich auf die niedrigere der beiden Ziffern. Auf jeden Fall aber zeigen solche Versuche, daß sich durch wachsende Intensität der Nutzung der Ernteertrag des Bodens verdoppeln läßt.

Mit Hilfe besserer Methoden sollte es also im Jahre 2000 möglich sein, 7,5 Milliarden Menschen zu ernähren. Hingegen wäre eine abermalige Verdoppelung der Bevölkerungszahl — auf 15 Milliarden — nicht tragbar, und theoretisch dürfte diese Zahl um das Jahr 2050 erreicht sein. Die landwirtschaftliche Nutzfläche würde dann im Durchschnitt 0,1 Hektar pro Person betragen, ein 10 × 100 Meter großer Erdstreifen, der dem Landwirt auch bei sachgerechtester Nutzung nur 1300 Kalorien im Tag einbrächte!

Die Perspektiven, die sich für Metalle und Energieversorgung eröffnen, liegen 300 bis 600 Jahre weit in der Zukunft. Betrachten wir aber das Problem des Bevölkerungszuwachses in Verbindung mit der Ernährungslage, so ist bereits der Ausblick auf die nächsten 50 bis 100 Jahre so erschreckend, daß wir uns in die Zeit um 2020 bis 2170 gar nicht erst hineindenken mögen. Es würde auch wenig nützen, wenn es uns wider Erwarten bis dahin gelänge, das Problem der Fusionsenergie zu lösen. *Der Mensch lebt nicht von Energie allein.* Und auch mit Energie und fossiler Kohle läßt sich nicht im Handumdrehen Nahrung für Milliarden beschaffen. Wollen wir realistisch sein, so müssen wir schon heute zu gewissen optimistisch gefärbten Projekten Stellung nehmen, die eher Märchen als praktisch durchführbare Vorschläge sind.

Märchen Nr. 1: Nahrungsstoffe aus dem Meer

Der jährliche Ertrag der Fischerei bewegt sich heute um 65 Millionen Tonnen. Berechnungen zufolge würde die obere Grenze für den Fischfang auf der ganzen Erde bei 150 bis 160 Millionen Tonnen liegen. Die Zahl dürfte zu hoch gegriffen sein, doch selbst wenn wir annehmen wollten, daß der Fang im Jahre 2000 150 Millionen Tonnen = 150 Milliarden Kilogramm erreicht, müßte der Ertrag unter 7,5 Milliarden Menschen verteilt werden. Das ergäbe 20 Kilogramm Fisch pro Person und Jahr, wohlgemerkt Frischfleisch. Der Eiweißgehalt im Schlachttierfleisch (etwa zwanzig Prozent) beträgt 4 Kilogramm pro Person und Jahr oder 11 Gramm pro Tag. Das entspräche ungefähr dreißig Prozent des Eiweißmindestbedarfs eines Menschen. Dabei darf nicht vergessen werden, daß ein jährlicher Fang von 150 Millionen Tonnen das Risiko einer Verminderung des Fischbestands der Meere mit sich brächte. Experten halten schon 80 Millionen Tonnen pro Jahr für den höchsten erreichbaren Wert. Dies würde 6 Gramm Eiweiß pro Person und Tag bedeuten, also nur fünfzehn Prozent des Mindestbedarfs decken! Und wie wird die Wirklichkeit aussehen? Manche Industrieländer werden wohl den größten Teil der gefangenen Fische und der Fischerzeugnisse im Netz ihrer eigenen Verkaufsorganisation hängen lassen.

Märchen Nr. 2:
Erschließung landwirtschaftlicher Nutzflächen

Wie aus der Tabelle Seite 52 hervorgeht, sind fünfundzwanzig Prozent der Landoberfläche der Erde schwer kultivierbares Terrain und Steppengebiet. Viele optimistische Artikel sind über das Thema geschrieben worden: Urbarmachung von Boden in einem solchen Umfang, daß die derzeitige Nutzfläche verdoppelt werden könnte.

Zahllose fehlgeschlagene Versuche haben jedoch gezeigt, daß es in der Praxis ungemein schwierig ist, auf schwer bestellbarem Boden Fuß zu fassen. In Gebirgsgegenden sind die Hänge meistens zu steil. Andere Regionen leiden den größten Teil des Jahres unter verheerender Trockenheit, während wieder andere zu reich an Niederschlägen sind. Außerdem sind, so zum Beispiel im Inneren Brasiliens, eine Million Quadratkilometer mit einer ganz dünnen Erdschicht auf einem festen Lager eisenhaltigen Lehms bedeckt, der sogenannten Lateriterde. Diese Gebiete lassen sich wohl als Weiden verwenden, sind aber wegen der dünnen Oberflächenschicht für den Ackerbau unbrauchbar. Das Märchen von Südamerika als einem Produktionszentrum am Amazonas und seinen Nebenflüssen hat in einer wirklichkeitsnahen Diskussion nichts zu suchen. Wohl ist es nicht ganz auszuschließen, daß einzelne kleinere Gebiete bei Aufgebot aller technischen Hilfsmittel für die Landwirtschaft zu erschließen und bei ständiger Bestellung und sorgsamer Betreuung auch lebensfähig wären, doch wäre das ein unerheblicher Prozentsatz – und außerdem erfordert die Urbarmachung neuen Bodens viel Zeit.

Märchen Nr. 3:
Entsalzung von Wasser für Bewässerungszwecke

Im Grunde wissen wir nur sehr wenig darüber, in welchem Ausmaß gewöhnlicher Regen eigentlich vorkommt. Die Verdunstung aus Meeren und Seen beläuft sich auf jährlich 400 000 Kubikkilometer, wovon die Landgebiete 120 000 Kubikkilometer als Niederschläge erhalten. Den landwirtschaftlichen Nutzflächen werden jährlich etwa zwanzig Prozent dieser Menge, also rund 25 000 Kubikkilometer in Form von Regen und Flußwasser zugeführt. Meerwasser durch Atomkraftwerke zum Verdunsten zu bringen und es dann durch Kanäle oder Röhren in Trockengebiete zu leiten, ist, wenn man in Kubikkilometern rechnen will, ein Hirngespinst. In kleinerem Maßstab ließe sich ein solches Verfahren möglicherweise zum Nutzen einzelner verdorrter Küstengebiete mit Kultivierungspotential anwenden.

Zu Beginn dieses Kapitels stellten wir die Frage: Wie lange noch...? Unsere Analyse bezeichnet das Jahr 2050 als den Anfang einer Krisenperiode, wie sie die Welt noch nie erlebt hat. Selbst wenn man bereits heute — in den siebziger Jahren — einschneidende soziale Maßnahmen ergriffe: die jetzt geborenen Kinder werden um die Jahrtausendwende etwa dreißig Jahre alt sein. Ist zu erwarten, daß diese dann Dreißigjährigen widerspruchslos Direktiven von oben, Regierungsanordnungen, befolgen und ihre Fertilität auf ein Mindestmaß begrenzen werden? Angesichts einer festverankerten Mentalität, zu der auch ein gewisses Mißtrauen zwischen Volk und Regierenden gehört, ist es unwahrscheinlich, daß die auf 7,5 bis 8 Milliarden angestiegene Kurve im Jahre 2000 plötzlich, statt weiter hinaufzugehen, in eine gerade Linie auslaufen und dann ganz allmählich absinken sollte. Der Trend geht eher auf eine Vermehrung bis 10 oder gar 15 Milliarden etwa um das Jahr 2050 hin.

Damit hätten wir die Höchstgrenze erreicht. Das gleiche Stück Land, das jetzt, in den siebziger Jahren, einen einzelnen Menschen gerade noch vor dem Hunger bewahren kann, müßte in achtzig Jahren Nahrung für ganze drei Personen hergeben. Ich halte es für realistisch, das Jahr 2050 als die Pforte zum großen Hunger anzusehen. Das ist die Zeit, die noch verbleibt, bis die Vorräte an Energie sich dem kritischen Punkt nähern.

Wie lange noch? Die Antwort kann nur lauten: *Höchstens noch hundert Jahre,* womit die Erhaltung des Lebens auf primitivster Stufe gemeint ist. Dann erwarten uns zwei Jahrhunderte der Anarchie und des Massentodes. Es ist unmöglich, bei einer Weltbevölkerung von 10 Milliarden Optimismus an den Tag zu legen. Schon heute müssen wir uns auf ein Zwischenspiel vorbereiten — auf ein Interregnum von zweihundert Jahren, bis die Erdbevölkerung sich wieder den 5 Milliarden zu nähern beginnt. Dann wird es *vielleicht* möglich sein, mit dem Wiederaufbau eines menschlichen Daseins unter harten, aber annehmbaren Bedingungen zu beginnen.

Wird der Homo sapiens als «sapiens» im modernen Sinn des Wortes überleben, oder werden wir uns nach und nach auf ein Steinzeitniveau einrichten müssen? Eine offene Frage, deren Beantwortung bei uns selber liegt.

Wir kennen jetzt schon zwei Faktoren, die dem düsteren Bild noch mehr Grautöne beimischen. Der eine ist die Wasser- und Luftverseuchung. Man hat festgestellt, daß ein großer See wie der Eriesee in den USA zu fünfundzwanzig Prozent biologisch gänzlich tot ist und daß es nicht einmal fünfzig Jahre dauern wird, bis alles Leben darin erloschen ist. Fabriken bilden einen dichten Ring um den See und speien ihre Abwässer hinein. Die Ostsee ist in Gefahr, ebenso das Mittelmeer. Und dabei handelt es sich um große Wasserflächen. Der Rhein ist verdorben, der Mississippi nur noch eine Kloake.

Der Vorrat an Frischwasser beginnt überall, in den Industrieländern wie in den Entwicklungsländern, ein akutes Problem zu werden, da in letzteren eine intensive Bodennutzung mancherorts zu einem besorgniserregenden Absinken des Grundwasserspiegels führt.

Der zweite Faktor, der einen unheilvollen Schatten wirft, ist der beträchtliche Anstieg der Kohlensäure seit 1900. An sich bedeutet dies keine Katastrophe, zumal die Kohlensäure in der Atmosphäre den Wärmeverlust an der Erdoberfläche eindämmt. Doch gibt es auch eine Kehrseite, mit genau entgegengesetzter Wirkung. Die Staubwolken der Großindustrie, die sich langsam mit der Atmosphäre vermischen, wirken als Reflektoren des Sonnenlichts. Folglich wird das Licht, das zur Erdoberfläche gelangt, eine kleinere Anzahl Q/Jahr halten. Die Temperatur sinkt. Das Klima verschlechtert sich...

Für uns alle, die wir die Probleme des Bevölkerungszuwachses, der Energie- und Rohstoffgewinnung und ökologische Faktoren wie Umweltzerstörung, Wasserreserven und eine eventuelle Klimaverschlechterung zu durchdenken suchen, kündigt sich die nächste Zukunft in düstersten Farben an. Die Frage ist: Wie gelangen wir durch das Zwischenspiel in Moll der nächsten hundert Jahre in jene Zeit hinüber, in der sich — möglicherweise — das Leben für den Homo sapiens auf einem ganz niedrigen Niveau stabilisieren wird — einem Niveau weit unter dem Stand von 1970 bis 2000?

ZWISCHENSPIEL IN MOLL

5. Der große Hunger — ein Kriegszustand

Da und dort können wir Dinge beobachten, die darauf hindeuten, daß das Zeitalter des großen Hungers bereits begonnen hat. Dazu gehört der Trend in manchen Entwicklungsländern, wo die Einwohnerzahl der Großstädte durch Landflucht ungeheuer anschwillt. Die Treibkraft ist hier die Übervölkerung einzelner Landgebiete, aus denen die Menschen in die Großstädte abwandern, weil sie hoffen, dort ihr Auskommen zu finden. Die indischen Hafenstädte Bombay und Kalkutta sind typische Beispiele. Die Städte wachsen zu riesigen Ballungsgebieten, mit einem städtischen Proletariat, das mehr noch als die Landbevölkerung dem Hungertod preisgegeben ist. Als Einfuhrzentren wachsen die Küstenstädte schneller als die Städte im Landesinneren. Hungermärsche sind an der Tagesordnung, die Verzweiflung nimmt zu, die örtlichen Unruhen nehmen immer drastischere Formen an, Militär wird eingesetzt, und Regierungen, die einander in rascher Folge ablösen, versprechen Besserung.

Man begehrt Hilfe von allen auch nur einigermaßen begüterten Industrieländern und erhält sie wohl auch — im Austausch für Rohwaren wie Öl und

Minerale. Der Zynismus liegt darin, daß oft Kriegsmaterial eingeführt wird, etwa moderne Flugzeuge und Geschütze, und nicht Traktoren oder Saatgetreide und Korn zur Linderung der Not.

Wollten die Industrieländer ernstlich Lebensmittel und Waren für den täglichen Gebrauch, beispielsweise Traktoren, mit den anderen teilen, so müßten sie den Lebensstandard der Bevölkerung sehr beträchtlich herabsetzen. Und die große Frage ist auch: Wie soll die Hilfe an die Entwicklungsländer verteilt werden?

Für die ärztliche Betreuung in Kriegszeiten gibt es eine alte Regel, die besagt, daß man bei Ärzte- und Arzneimangel die Verwundeten in drei Gruppen einteilen soll: Gruppe 1 diejenigen, die vermutlich ohne medizinische Hilfe gesund werden; Gruppe 2 jene, die bei intensiver Behandlung möglicherweise überleben können, und unter Gruppe 3 fallen diejenigen, die mit oder ohne Behandlung an ihren Wunden sterben müssen. Folglich konzentriert man die Bemühungen, also den Einsatz von Ärzten und Medikamenten, auf Gruppe 2. Ein brutales Verfahren, aber in Notlagen unbedingte Notwendigkeit.

Auch bei einer ernsthaften Kraftanstrengung der Industrieländer zur Eindämmung des Massenhungers in Südostasien, in Afrika und im zentralen Südamerika wäre vermutlich die Einteilung in drei Gruppen die zweckmäßigste Lösung. Man muß die Hilfe auf jene Regionen konzentrieren, von denen anzunehmen ist, daß sie bei Lieferung diverser Waren und Lebensmittel ihre Lage zu verbessern und auf längere Sicht für sich selbst zu sorgen imstande sind.

Was bedeutet eigentlich «Kraftanstrengung der Industrieländer»? Die Antwort hängt ganz davon ab, wieweit die Industrieländer sich als Teilnehmer am Krieg gegen den Hunger fühlen oder eine neutrale Haltung einnehmen. Betrachten wir Bewohner der Industrieländer uns als solidarisch mit denen, die in den Entwicklungsländern an verschiedenen Fronten für ihr Leben kämpfen, so müssen wir unsere Lebensführung wie in Kriegszeiten einschränken. Dies bedeutet beispielsweise Rationierung der Lebensmittel, Rationierung flüssigen Brennstoffes sowie Luxussteuern auf Dinge, die nicht unmittelbar für Haushaltzwecke bestimmt sind. Auf diese Weise könnten wir in einigem Umfang entsprechende Waren an Entwicklungsländer der Gruppe 2 ausführen. Aber auch dann würde unser Beitrag kaum ins Gewicht fallen. Wir können

Industrieländer	*Bevölkerungszahl im Jahr 2000*
USA	230 Millionen
Kanada	15 Millionen
Europa	300 Millionen
Rußland (mit Sibirien)	250 Millionen
Japan	80 Millionen
Argentinien — Uruguay	15 Millionen
Australien — Neuseeland	10 Millionen
Gesamtbevölkerung der Industrieländer	900 Millionen

eine Prognose für den Zeitraum von 2000 bis 2050 aufstellen. Sie zeigt, welche Regionen der Erde zu dem Zeitpunkt Industrieländer sein werden. Für die Entwicklungsländer vergleiche man das Diagramm auf Seite 49.

Die Bevölkerung der Industrieländer wird also um das Jahr 2000 etwa zwölf Prozent der gesamten Erdbevölkerung ausmachen. Sollte sich der Bevölkerungszuwachs in Grenzen halten, so wäre im Jahr 2050 möglicherweise die Zahl 1200 Millionen erreicht: 1,2 Milliarden für sämtliche Industrieländer in einer Welt, in der die Entwicklungsländer 10 bis 15 Milliarden stellen. Mit diesen Zahlen muß man rechnen. Sie zeigen an, wie schwierig es ist, den hungernden Entwicklungsländern auch nur einigermaßen zu helfen.

Von den Entwicklungsländern muß China vermutlich zur Gruppe 1 gerechnet werden. Das Land dürfte auf lange Sicht eine stabile Regierung haben, deren Anordnungen, ob es sich nun um Geburtenregelung oder um Produktion handelt, auch wirklich befolgt werden. Indonesien wird möglicherweise ebenso wie Vietnam und dessen Nachbarländer dem Beispiel Chinas folgen.

Indien, Brasilien, der Mittlere Osten und viele Staaten Afrikas (Ägypten vielleicht ausgenommen) sind Problemländer, deren einzelne Regionen man nicht pauschal in Gruppe 2 und 3 einteilen darf, wo aber da und dort eine gezielte Hilfe eingesetzt werden kann, soweit Industrieländer unter strengen Rationierungsmaßnahmen sie zu leisten vermögen.

Eine zwangsweise Rationierung in den Industrieländern, um den unter Gruppe 2 fallenden Regionen Hilfe zu leisten, wird sich natürlich nicht reibungslos durchführen lassen. Politische Zwistigkeiten in der Welt der Entwicklungsländer selbst, gegebenenfalls in Verbindung mit örtlichen bewaffneten Konflikten, müssen ebenfalls in Betracht gezogen werden. Nicht zuletzt muß bei Hilfsleistungen an ein Entwicklungsland dafür garantiert werden, daß die Lieferungen von Lebensmitteln und anderen Erzeugnissen auch wirklich der bedürftigen Bevölkerung zugute kommen und nicht durch Zwischenstationen beschnitten werden.

Trotz allem, was die Industrieländer unter Aufgebot des Idealismus ihrer Bewohner — ein unberechenbarer Faktor! — umgesetzt in die Bereitstellung von Waren, Lebensmitteln, Kraft und technischem Wissen bestenfalls leisten könnten, wird ein großer Teil der Erdbevölkerung im Zeichen der Hoffnungslosigkeit Hungers sterben. Die Industrieländer und die Entwicklungsländer der Gruppe 1 stehen dieser grauenvollen Situation machtlos gegenüber. Viele werden in völliger Apathie untergehen, viele werden die Opfer von Konflikten werden, die Ausdruck höchster Verzweiflung sind. Der Höhepunkt des Grauens dürfte, wenn man eine Prognose wagen will, zu Beginn des 22. Jahrhunderts erreicht sein. Es wäre denkbar, wenn auch wohl reiner Wunschtraum, daß die Bevölkerungsziffer in der Folge langsam, aber sicher auf einen Stand von 5 bis 10 Milliarden absinkt.

Unumgänglich notwendig ist es, daß während der Periode des großen Hungers trotz allerstrengster Rationierung eine Anzahl Forschungszentren in Betrieb gehalten wird, selbst wenn auch dort gespart werden muß.

Wir haben die Pflicht, unser technisches und wissenschaftliches Können an die ungewisse Zukunft weiterzugeben, in der sich die Verhältnisse einigermaßen stabilisiert haben und die Möglichkeit einer Aufbauzeit sich abzeichnet. Verlieren wir aber unser wissenschaftlich-technisches Erbe aus dem 20. und 21. Jahrhundert, so besteht die Gefahr eines apathischen Absinkens auf ein steinzeitliches Niveau, und zwar für die gesamte Menschheit.

Für den Aufbau einer Gesellschaft auf einem gewissen Zivilisationsniveau gibt es natürlich mehrere Alternativen. Der springende Punkt ist jedoch, daß mit dem Wiederaufbau begonnen wird, *bevor* unsere Energie- und sonstigen Rohstoffquellen völlig aufgebraucht sind.

Wie tragkräftig ist eine technische Überlieferung, die während der dunklen Jahrhunderte in «Punkt»-Gesellschaften weitergegeben wird?

6. Überleben — ein technisches Problem

Die grauen Jahrhunderte des Mittelalters standen im Zeichen der politischen Unruhe, der Kriege und Seuchen. Das römische Reich war zerfallen, seine Organisation gesprengt und durch den Krieg aller gegen alle ersetzt: Das Recht war auf der Seite des Stärkeren. In dieser von Hungersnot und Unsicherheit geplagten Gesellschaft des Abendlandes gab es indessen auch kleine Freistätten, wo das Wissen viel früherer Jahrhunderte von fleißigen Händen bei spärlichem Licht niedergeschrieben wurde. In den Klöstern und — in späteren Jahrhunderten — an einigermaßen geschützten Orten wurde die Überlieferung aus den Zeiten der Griechen und Römer lebendig bewahrt, um später schriftliches Zeugnis von Kulturen abzulegen, die in einer fernen Vergangenheit geblüht hatten.

Es ist möglich, wenn auch keineswegs sicher, daß gewisse Zentren der Gedankenarbeit, Wissenschaft und Technik die kommenden finsteren Jahrhunderte überdauern und die technischen Erkenntnisse vom Anfang des 21. Jahrhunderts überliefert werden. Vermutlich wird sich die Forschung im Zeichen der großen Rationalisierung größtenteils mit praktischen Dingen, mit rein technischen Problemen befassen. Die Zielforschung, auf kurzfristige Projekte ausgerichtet, wird wahrscheinlich die reine Wissenschaft überwiegen. Möglicherweise wird die Haupttätigkeit der überlebenden Forschungszentren darin bestehen, das Wissen aus der aktiven Periode um das Jahr 2000 in Form von Monographien zusammenzufassen. Mondreisen müssen vorerst wahrscheinlich abgeschrieben werden, wogegen Kernphysik im Hinblick auf eine praktisch nutzbare Atomfusion betrieben wird.

Wie lange sollen und können wohl solche naturwissenschaftlichen Forschungszentren in einer Welt des Hungers und der Einschränkungen existieren? Sie müssen ganz einfach bestehen, nicht zuletzt für die einander ablösenden Generationen von Forschern, die den verstreut in Bibliotheken verwahrten Schriften einen Sinn zu entnehmen vermögen. Damit Wissenschaft und Technik wieder aufblühen können, ist eine ständige Neurekrutierung von Forschern und Technikern notwendig. Eine Überlieferung weiterzuführen, kostet eine gewisse Menge Nahrung, Material und Energie, aber wenn es gelingen soll, die Erkenntnisse der Wissenschaft durch die Zeiten des Hungers hinüberzuretten, muß zumindest einigen wenigen zu Studien geeigneten Zentren ein gewisses Maß an Privilegien eingeräumt werden. Naturgemäß wird es nicht leicht sein, das in einer Welt zu vollbringen, in der um das nackte Überleben ein Kampf bis aufs Messer geführt wird. Unwillkürlich denkt man an befestigte Wohnstätten, die wohl von Energie, Material und Nahrung abhängig, aber gegen die Widrigkeiten der Umwelt weitgehend abgeschirmt sind — eine Art Ritterburgen eines neuen Mittelalters. Auch Zentren, Modell Shangri-la, in abgelegenen Gebirgsdörfern, wären denkbar. Andererseits wäre eine Revolte der «Nichtprivilegierten» gegen die bevorzugte Elite durchaus begreiflich. Warum gerade sie...?

Vielleicht müssen die Träger von Wissenschaft und Technik während der schwersten Zeit in Gebieten konzentriert werden, wo es eine Regierungsmacht gibt und sie von Militär beschützt werden können. Forschung unter dem Schutzschild der Waffen, Forschung, die sich höchstwahrscheinlich neben der eigentlichen Arbeit mit zahllosen Verwaltungsaufgaben befassen muß — das ist nicht gerade eine verlockende Aussicht. Und können wir, wenn Machtkämpfe, Egoismus und Bürokratie noch üppiger gedeihen, als sie es hier und jetzt, in den siebziger Jahren, tun, wirklich eine Atmosphäre von brückenbauendem Altruismus und Handlungsfreiheit erwarten?

Wir haben uns hier zunächst ausgemalt, wie Forschung und Unterricht über zweihundert Jahre hinweg und, wenn man optimistisch sein will, vielleicht für noch länger, überleben könnten. Nun aber taucht eine andere interessante Frage auf: Welche Aussicht des Überlebens haben bestimmte Erfindungen, bestimmte technische Ideen in verschiedene Entwicklungsstadien?

Als typisches Beispiel sei das ganz gewöhnlich mit Muskelkraft betriebene Fahrrad genannt, das jetzt seinen 160. Geburtstag feiert. Die Idee des Fahrrads könnte ebensogut aus dem Jahre 1770 oder einer noch früheren Zeit stammen, wenn man von den stoßdämpfenden Gummireifen absieht. Im übrigen war Hevea Brasiliensis, der Gummibaum, auch im 18. Jahrhundert schon bekannt, und die Inkas spielten noch viel früher mit Bällen aus Gummi. Hätte ein findiger Kopf im 18. Jahrhundert den Begriff Fahrrad ganz allgemein mit den elastischen Eigenschaften des Gummis verbunden, so hätte das Fahrrad schon lange vor 1830 erfunden werden können.

Ein anderes Beispiel ist das Streichholz. Den Werkstoff dafür gab es schon immer, lange vor dem 18. Jahrhundert: einfache Stäbchen aus Holz, Phosphor, Schwefel, Antimon, die für den Zündkopf notwendig sind, waren auch 1770 bereits zugänglich, aber die übliche Methode war damals, Zunder mit Hilfe von Feuerstahl und Feuerstein zum Brennen zu bringen. Die Zündholzschachtel, die wir in der Tasche tragen, bekam erst Ende des vorigen Jahrhunderts ihre heutige Gestalt.

Nun ist die Frage: Haben Fahrrad und Streichholz einen Überlebenswert, der den kommenden Widrigkeiten zu trotzen vermag? Was mich betrifft, so bin ich davon überzeugt. Wir haben erlebt, wie sich das Fahrrad in den dichtbesiedelten Gebieten Asiens und Südamerikas durchgesetzt hat. Es ist, ebenso wie das Streichholz, eine technische Idee, die überleben wird. Gibt es andere technische Ideen, die Jahrhunderte überdauert haben? Ja, wir brauchen nur an Glas zu denken, das schon zur Zeit der Phönizier durch Schmelzen von Sand, Kalk und Soda bei einer durch Holzfeuer erzeugten Blasebalghitze hergestellt wurde. Eine einfache Erfindung — mit Überlebensmöglichkeiten. Glas in seinen verschiedenen Formen wird immer hergestellt werden können.

Holz als Grundstoff für die Herstellung von Papier wird auch immer Verwendung finden. Es ist schwer, sich Denkarbeit ohne Papier und Feder vorzustellen, besonders solange wir in einem Spinnennetz von Bürokratie gefangen sind. Das Überdauern einfacher Dinge und unkomplizierter Stoffe muß ungeachtet einer Zukunft im Zeichen des Hungers sichergestellt werden. Holz, Kalk, Sand, Soda, einfache Metallteile spielen in allen möglichen Kombinationen eine so große Rolle, daß der Durchschnittsmensch damit gewisse Traditionen weiterführen kann.

Schlimmer steht es mit neuzeitlichen Erfindungen von größerer Komplexität wie etwa Uranreaktoren und Computern. Fielen aus irgendeiner Ursache in der Zukunft eine oder zwei Generationen von hochqualifizierten Physikern und Chemikern weg, so würde das vermutlich bewirken, daß ein Großteil der komplizierten Dinge sozusagen neu entdeckt werden müßte, falls sich das unter diesen Umständen überhaupt verwirklichen ließe. Wie bereits dargelegt, ist, wenn es um Wissenschaft und Technik geht, eine Kontinuität in der Zusammenarbeit zwischen Lehrern und Schülern auf höherer

Ebene notwendig. Ohne eine solche Kontinuität, beim zeitweiligen Ausfall einer Wissenschaftlergeneration, würde sich eine Situation zielloser Wissensvermittlung ergeben, etwa so wie wenn ein Laie plötzlich vor die Aufgabe gestellt würde, ein Atomkraftwerk zu bauen oder zu leiten, wobei ihm nur schwerverständliche Literatur aus einem früheren Jahrhundert zugänglich wäre.

Was die Kraftwerke angeht, so ist es nebenbei bemerkt eine interessante Frage, was die technische Verwirklichung des Fusionsreaktors als unerschöpflichen Energieträgers für die Entwicklung in den nächsten Jahrhunderten bedeuten würde. Welchen Gewinn stellt es im Grunde dar, in einer Gesellschaft, die aus Hunger am Zusammenbrechen ist, unbegrenzte Energie zur Verfügung zu haben? Energie an sich erzeugt keine Nahrung für Milliarden, siehe nächstes Kapitel, aber sie kann von Wert für die maschinelle Bestellung gewisser Bodenflächen sein, wobei allerdings eine obere Grenze für die Ertragfähigkeit der Erde besteht. Die Fusionsenergie gehört jedoch zu den Projekten, denen — ebenso wie empfängnisverhütende Maßnahmen — der Vorrang gebührt. Gelingt es innerhalb der nächsten hundert Jahre, den Fusionsreaktor technisch zu verwirklichen, so muß die Idee ganz einfach überleben, koste es, was es wolle: Das wissenschaftliche Erbe der Kernphysiker und Chemiker muß fortbestehen, bis sich — vielleicht — eine neue Renaissance am Horizont abzeichnet.

Hier wird der Begriff Renaissance ins Spiel gebracht, eine Morgendämmerung nach Jahren der Not. Es ist durchaus am Platz, sich in die ersten Versuche der Wiederaufbauarbeit hineinzudenken, zu der es mit einer gewissen Wahrscheinlichkeit früher oder später kommen wird. Trotz vieler negativer Eigenschaften ist der Mensch auch zäh und anpassungsfähig. Sofern die kommende Notzeit nicht zu einer weltweiten Anarchie und einem Absinken auf steinzeitliches Niveau führt, werden wir ein Morgengrauen erleben, dessen Klima wir vorläufig nur erahnen können. Auf jeden Fall aber wird es ganz anders sein, als wir es uns heute vorstellen.

DANACH

7. Morgendämmerung

Wir versetzen uns einige Jahrhunderte in die Zukunft, ins 21. Jahrhundert. Seit dem Jahre 2000 hat sich viel ereignet, schwere Zeiten liegen hinter uns. Geschehenes wie auch Ungeschehenes haben der schwer geprüften Menschheit höchsten Krafteinsatz abverlangt. Nun aber liegt eine Phase vor uns, die gewisse Richtlinien für die Zukunft ahnen läßt.

In den verflossenen Jahren, die uns eine Ewigkeit schienen, zerbrach die kraftlose Gesellschaftsordnung, die zu Beginn des 21. Jahrhunderts trotz allem bestanden hatte: einer Zeit, als die weitreichende Überindustrialisierung durch ständig wachsenden Abbau der Energie- und Rohstoffquellen weiterhin aufrechterhalten wurde. Während dieser Jahre wurde uns handgreiflich vor Augen geführt, wie ungeheuer empfindlich die damalige Industriegesellschaft gegen die leisesten Störungen im weltweiten Transportnetz war. Mit dem großen Hunger setzten an vielen Punkten der Erde Anarchie und Zerfall ein. Es wurde immer schwieriger, die Versorgung der Industriezentren mit Rohstoffen, namentlich Mineralien, aufrechtzuerhalten.

Stoffe, wie sie etwa zur Herstellung von Aluminium und rostfreiem Stahl benötigt werden, begannen zur Neige zu gehen, teils, weil in manchen Gebieten der Bergbau am Erliegen war oder ganz einfach aufgegeben wurde, teils, weil auch der Eisenbahnfernverkehr, von den Erzeugungsorten zu den Verschiffungszentren an den Küsten, allmählich Verschleiß- oder gar Verfallserscheinungen aufwies.

Obgleich der Energieversorgung nach der Jahrtausendwende durch den Großeinsatz von Uranreaktoren eine Gnadenfrist beschieden war, durch radikale Maßnahmen das Produktionsprogramm der Industrie weitgehend umgestellt und die Erzeugung von Luxusartikeln jeglicher Art drastisch eingeschränkt wurde, machte sich der Rohstoffmangel immer unangenehmer bemerkbar. Man war mit anderen Worten gezwungen, jene folgenschwere Politik aufzugeben, die in der zweiten Hälfte des 20. Jahrhunderts als «konsumfreundlich» galt und unter der Devise stand: «Erst brauchen, dann wegwerfen.» Ein Merkmal jener Zeit war die Großerzeugung kurzlebiger Produkte für den Haushalt und anderer Güter, die meist mit dem Plastikzeitalter in Verbindung standen. Nach und nach erkannte man, daß jede Einheit in der gewaltigen Maschinerie der Großindustrie eine erschreckend kurze Lebensdauer hatte. Ein Auto, von ganz entscheidender Bedeutung für den Personen- und Güterverkehr, hatte damals eine durchschnittliche Lebenserwartung von etwa zehn Jahren. Lokomotiven und Handelsschiffe konnten allerhöchstens mit fünfzig Jahren rechnen. Kein einziger lebenswichtiger Teil in der ganzen Maschinerie, ob groß oder klein, war so konstruiert, daß er hundert Jahre lang funktioniert hätte. Es war ganz selbstverständlich, daß die Tausende und Abertausende von Industrieanlagen den Ersatz für abgenützte lebenswichtige Teile, große wie kleine, liefern konnten.

Allmählich wurde es immer offenkundiger, daß der Servicezweig der Industrie in keiner Weise mit den überhandnehmenden Abnützungstendenzen Schritt zu halten vermochte. Sogar die, wie man meinen sollte, haltbarsten Einheiten der Industrie, nämlich die Dammbauten und Kraftwerke zur Gewinnung von Wasserkraft, wiesen Verschleißerscheinungen auf, so daß die Stromversorgung immer häufiger unterbrochen werden mußte. Ernste Sorgen bereitete die Tatsache, daß Staudämme nach einem gewissen Zeitraum von etwa 30 bis 100 Jahren Neigung zum Verschlammen zeigten, und nicht anders war es mit den Schaufelrotoren und den angekoppelten Dynamos. Wer aber sollte — und wo? — Ersatzteile für mit Wasser- oder mit Urankraft getriebene Kraftwerke herstellen, wenn es an allem fehlte und auch die Herstellung von Einheiten für ein Kraftwerk Energie und Werkstoff erfordert? Die Zahl ausgebauter Industriezentren, die allen Schwierigkeiten zum Trotz weiterarbeiten konnten, ging mehr und mehr zurück. Man beschränkte sich auf Projekte und Waren, die für die Aufrechterhaltung menschlicher Betätigung auf dem inzwischen ausgeplünderten Planeten unerläßlich waren.

Nach einigen Jahrhunderten beginnen sich vermutlich deutliche Tendenzen für den zukünftigen Weg der Menschheit abzuzeichnen. Sämtliche Gemeinwesen befinden sich in einem Zustand wie nach einem unendlich langen Krieg, wobei es gleichgültig ist, ob er mit Waffen geführt wurde oder nicht. Angesichts des allgemeinen Materialmangels ist es eher wahrscheinlich, daß es während der Periode der Wirren nicht zu einem Weltkrieg im üblichen Sinn des Wortes gekommen ist, wohl aber zu vereinzelten bewaffneten Konflikten: Hunger, Unruhe und Ohnmacht treiben eine verzweifelte Bevölkerung da und dort zur Abreaktion ihrer Gefühle, aber dabei handelt es sich um örtliches Geschehen, ohne Einbeziehung einer auf vollen Touren arbeitenden Kriegsindustrie. Nun folgt eine lange Periode, in der man Krieg ganz einfach nicht zu führen vermag — ein Zustand der Apathie gegenüber nationalen Konflikten. Mancherorts haben die allgemeine Unlust und Ermattung zu einem völligen Verfall der gesamten Gesellschaftsstruktur, zu einem Herabsinken in Richtung einer neuen Steinzeit geführt. Daneben aber gibt es auch Regionen, wo mit durchaus realistischen Zielen vor Augen beharrlich für die Zukunft gearbeitet wird.

Wer zu diesem Zeitpunkt die entstandene Lage analysiert, könnte folgende Tendenzen feststellen:

1. Die Bevölkerungskurve hat ihre Richtung geändert, sie sinkt. Zwei-, dreihundert Jahre der Hungersnot und der allgemeinen Auflösung haben ihre Spuren hinterlassen. Die Schlußbilanz ist dü-

ster, sie weist Verluste von Milliarden Menschenleben durch Hunger auf. Wie es scheint, läßt sich die Bevölkerungszahl mit dem Stand um das Jahr 2000 vergleichen, allerdings mit deutlich fallender Tendenz. Eine neue Bevölkerungsexplosion ist in der nächsten Zukunft — soll man sagen: zum Glück? — ausgeschlossen.

2. Die Industriegesellschaft des Jahres 2000 gehört der Vergangenheit an und wird nie wieder entstehen. Die vorhandenen Rohstoffvorräte beschränken sich, was fossilen Brennstoff betrifft, auf eine gewisse Menge Steinkohle, die mit äußerster Sparsamkeit für die jetzt an ganz wenigen Orten der Erde konzentrierte Industrie verwendet wird. Die Vorräte an lebenswichtigen Industriemetallen sind — mit Ausnahme des Eisens — unendlich klein. Der Energiebedarf wird durch Wasserkraft und — in begrenztem Ausmaß — durch Kernkraft gedeckt.

3. Der allgemeine Trend geht auf eine Stabilisierung der menschlichen Betätigung in einer Agrargesellschaft mit Standortindustrien als Stütze für die Land- und Forstwirtschaft hin.

Daß die Zukunft der Agrarwirtschaft gehört, ist vollkommen klar. Die harten Jahre schwerster Not haben vergleichsweise wenige Milliarden Menschen durchgestanden, indem sie ganz wie in alten Zeiten und oft unter höchst primitiven Verhältnissen den Boden bestellten und die Wälder nutzten. Es sind zähe, harte Menschen, die in Wald und Feld zu Hause sind, die es verstehen, dem Boden Nahrung abzuringen, Bäume zu fällen und einfache Behausungen zu bauen. Auf dieser Ebene beginnt die Menschheit, zu sich selbst zurückzufinden.

Örtlich haben die Agrargemeinschaften jedoch mit ungeheuren Schwierigkeiten zu kämpfen. Das Verkehrsnetz zwischen den verschiedenen Landwirtschaftsgebieten ist weitgehend verfallen, es fehlt an Transportmitteln, ja sogar an Zugkräften für Pflug und Egge. Traktoren von einst sind wegen Brennstoffmangels nicht mehr einsatzfähig, ihr Ausfall hat eine große Lücke hinterlassen, und der Bestand an Zugtieren hat sich während der Wirren fast erschöpft. Eine der Hauptaufgaben ist es denn auch, den Bestand an Pferden und anderen Zugtieren rasch wieder aufzufüllen, bis, wie man hofft, mit Holz getriebene Schlepper und ähnliche Vehikel aufkommen. Mancherorts wird ein gewisser Verkehr zu den Marktplätzen, den Kauf- und Tauschzentren aufrechterhalten, und zwar mit Trägerkarawanen etwa so wie seinerzeit auf Safaris. Wo es schiffbare Flüsse gibt, bedient man sich kleiner Boote und Schleppkähne.

Es ist ein hartes Leben, und an den meisten Orten bemüht man sich um weitgehende Selbstversorgung. Dennoch ist ein gewisser Kontakt mit der Außenwelt unumgänglich. Auch wenn Ernte und Holz, Holz und Ernte die beherrschenden Themen sind, gibt es Dinge, die sich nicht durch Bestellung des Bodens und die Nutzung des Waldbestandes beschaffen lassen. Das gilt beispielsweise für Textilien, für Bekleidung jeglicher Art und für das Material zur Herstellung von Werkzeugen und Geräten überhaupt. Eine der wichtigsten Fragen ist deshalb die Anbahnung eines besseren Kontaktes zwischen den Agrargebieten und den wenigen Industriezentren. Die Industrie ihrerseits arbeitet mit Hochdruck daran, auf der Grundlage des überkommenen Wissens über Motoren und Maschinen einfache jeepartige Gefährte mit Holz oder Kohle als Triebkraft herzustellen, außerdem kleinere Zugmaschinen, die mit aus Holz oder Kohle erzeugtem Wasserdampf angetrieben werden sollen. Die Ausbesserung des übel zugerichteten Straßennetzes steht gleichfalls im Vordergrund, ebenso die Wiederherstellung der Eisenbahnen, wo es solche gibt oder gegeben hat. Das A und O der nun einsetzenden Wiederaufbauarbeit ist es, *haltbare* Beförderungsmittel zu erzeugen, weshalb die klassische Dampfmaschine in manchen Bereichen ihr Comeback als Triebkraft erlebt. Es wird sogar daran gedacht, für den Kurzstreckenbetrieb an den Küsten und auf schiffbaren Gewässern einfache Segelboote zu bauen.

Bei dieser Arbeit in isolierten Industriezentren, wo eine gewisse technische Kultur sozusagen auf Sparflamme aufrechterhalten werden konnte, stellt sich das ganz große Problem, die technische Tradition, die vielfach nur durch das theoretische Studium der Literatur verflossener Zeiten bewahrt worden ist, zu neuem Leben zu erwecken. Selbst eine so einfache Sache wie ein Segelschiff erfordert eine gewisse Tradition oder ein Gefühl für die Aufgabe, und weder das eine noch das andere läßt sich aus dem Ärmel schütteln. Außerdem braucht man Leute, die es lernen können, bei jedem Wetter mit einem Schiff umzugehen. All das erfordert Zeit, und viele Fehler werden begangen werden, bevor eine neue Wissenstradition ersteht.

Dennoch beginnt die Lieferung einfacher Dinge an die Agrarbevölkerung, die an einem enormen Mangel an Werkzeug, Arbeits- und Baumaterial jeglicher Art leidet: Sägen, Äxte, Hämmer und Nägel, Spaten, Pflugscharen und andere Dinge, die zu den lebenswichtigen Gebrauchsgegenständen der primitiven Land- und Forstwirtschaft gehören. Im Austausch werden den Industriezentren Getreide, Hackfrüchte und Holzkohle geliefert, anfänglich vielleicht in reinem Tauschhandel über örtliche Märkte, später nach einem neuen Münzsystem.

Begriffe wie Kunstdünger und andere chemische Stoffe zur Erhöhung des Ernteertrages und zur Insektenbekämpfung sind noch nicht im Gespräch. Die chemische Industrie beschäftigt sich zwar mit diesen Fragen, aber nur in kleinem Maßstab. Vorläufig muß die Landwirtschaft noch auf archaischem Niveau betrieben werden: Durch natürlichen Dünger und den Anbau stickstoffreicher Pflanzen, Lupinen und Erbsengewächse, wird der Erde bei altmodischer Fruchtfolge mehr oder weniger Stickstoff zugeführt. Die Lage erinnert in manchem an die Landwirtschaft in China — und im übrigen auch in europäischen Ländern —, wie sie sich noch im 19. Jahrhundert darstellte.

Um den dringenden Bedarf der Agrargebiete an mechanischer Kraft einigermaßen zu decken, sollten sich, wo dies möglich ist, mit einfachen Mitteln Dämme mit primitiven, vom Wasser getriebenen Schaufelrädern bauen lassen. Die Kunst, Kalkstein zu ungelöschtem Kalk und Kohlensäure zu brennen ($CaCO_3 \rightarrow CaO + CO_2$), müßte eigentlich als Tradition überlebt haben. Aus Sand und Kalk lassen sich Mauersteine und Zement herstellen, und mit Zement, Steinen und Kies könnte die Bevölkerung auf dem flachen Land und im Wald Dämme bauen. Die Kraft des Wasserrades läßt sich zum Mahlen von Getreide nützen, ja sie kann auch einer kleinen Schmiede als Antrieb zum Verarbeiten von Schrott in Werkzeuge dienen.

Intensiv sucht man nach einer Möglichkeit, Wasserkraft in großem Maße für den Betrieb von elektrischen Generatoren zu gewinnen. Vorläufig werden nur einige wenige Wasserkraftwerke mühselig in Gang gehalten. Mit einer gewaltigen Kraftanstrengung, unter Aufgebot von Menschenkraft, ist es möglich, Staudämme weitgehend instand zu setzen oder neu zu bauen, so wie die Ägypter und Azteken seinerzeit mit bloßen Händen gewaltige Pyramiden bauten, ganz zu schweigen von einem Bauwerk wie der Chinesischen Mauer. Sobald es aber um Turbinen und Generatoren geht, steht man vor einem technischen Dilemma. Vielleicht lassen sich Turbinen irgendwie schmieden und konstruieren — aber gibt es eine Möglichkeit, Generatoren zu bauen? Ein besonderes Problem sind ihre Wicklungen, für die früher einzig Kupferdraht verwendet wurde. Ist genügend Kupfer vorhanden, das für die Generatorwicklungen reicht? Nun, Kupfer ist zu diesem Zeitpunkt eine Seltenheit, es wird hauptsächlich aus altem Schrott gewonnen. Wir brauchen also ein Metall, das Kupfer zu ersetzen vermag, wenn es sich um große Mengen handelt.

Aluminium wäre zwar als Wicklungsmaterial verwendbar, aber die Herstellung dieses Metalls ist ein elektrochemisches Problem und erfordert elektrische Kraft. Eine Notlösung bestünde darin, für die Wicklungen zunächst isolierten Eisendraht zu verwenden. Eine solche erste Generation von Generatoren würde selbstredend keine überwältigende Menge Elektrizität liefern, da Eisen ein schlechter elektrischer Leiter ist, ja nur ein Fünftel soviel zu leiten vermag wie Kupfer. Da Eisen leicht rostet, müßten die Verteilungsleitungen aus Eisendraht ebenfalls isoliert werden. Zudem ist wie gesagt der Widerstand hoch. Soll diese Frage zufriedenstellend gelöst werden, so müßte man eine Anlage zur Aluminiumgewinnug durch Elektrolyse einplanen, der im Hinblick auf die durch die Dynamos der ersten Generation gewonnene Elektrizität höchste Dringlichkeit zuerkannt werden sollte. Die nächste Generatorengeneration könnte nun mit Aluminiumdraht gewickelt werden, wodurch wir uns dem Leitungsvermögen des Kupfers nähern. Traditionsgemäß kann die erzeugte Elektrizität über Aluminiumleitungen mit einem Eisendrahtkern verteilt werden. Früher oder später wird sich auch elektrolytisch gewonnenes Magnesium als Konstruktionsmaterial mit gutem Leitungsvermögen durchsetzen. Im nächsten Kapitel werden wir uns eingehender mit dieser Frage befassen.

Langsam, ganz langsam wachsen Land- und Forstwirtschaftsregionen im Verein mit einigen Industriezentren heran, die sich völlig in den Dienst der Agrargesellschaft gestellt haben. Eine Zukunft zeichnet sich ab, die sich dem Stand des 18. Jahrhunderts nähert, allerdings mit einzelnen technischen «Zuschüssen» aus dem 19., 20. und 21. Jahrhundert. Nach zweihundert Jahren der Anarchie und Desorganisation greift nun ein Gefühl des Neubeginns Platz. Die «Oasen» menschlicher Kultur auf höherer Ebene, in denen wir eine Möglichkeit für den technischen Aufstieg sehen, sind allerdings nicht sehr zahlreich. Sie befinden sich hauptsächlich in Gebieten, wo Wasserkraft zur Verfügung steht und wo Wälder, vielleicht auch gewisse brauchbare Mineralien, als Ausgangsstoffe für eine Aktivierung der Landwirtschaft in engem Anschluß an die keimende Industrie verwertet werden können. Allen diesen Oasen, wo immer sie liegen, ist gemeinsam, daß sie sich auf die Nutzung der *Sonnenenergie* stützen, und zwar in Form von Wasserkraft, Wäldern und grünen Pflanzen. Für jede Oase, für jede entwicklungsfähige Region sieht die Zukunft anders aus. Topographisch müßten in Sibirien, in China, in den südlichen Teilen von Nord- und Südamerika sowie in Australien und Neuseeland die größten Chancen für eine Neuentwicklung der menschlichen Kultur in begrenzten Gebieten bestehen, die sich in der ersten Phase des Wiederbeginns hier ohne wechselseitigen Kontakt entwickelt.

Später kommt es auch über weite Entfernungen zu Kontakten, zunächst wohl in Form bescheidener Rundfunkverbindungen, dann auch als Austausch von Rohstoffen. Damit ist wohl in einem Zeitpunkt zu rechnen, wenn die Lebensbedingungen erträglicher geworden sind und Formen des Überlebenkönnens sich abzuzeichnen beginnen in einer Welt, die zwar arm ist, in der aber gewisse Anzeichen die Menschheit Kraft und Hoffnung schöpfen lassen und eine lichtere Zukunft ankündigen.

8. Zwischen zwei Alternativen

Die im vorigen Kapitel angedeutete Entwicklung hat — mit örtlichen Variationen — in allen Regionen das gleiche Thema. Es handelt sich um eine reine Agrargesellschaft vom Zuschnitt des 18. Jahrhunderts, allerdings mit gewissen Möglichkeiten für eine neuaufkommende Technik, eine Industrialisierung von bescheidenem Umfang. Ein Problem ist allen Regionen gemeinsam: die Beschaffung von Elektrizität. Alles hängt davon ab, ob es gelingt, ein Ersatzmetall für Kupfer zu finden. Ob es sich nun um die Verbrennung von Holz, die Ausnützung von Wasserkraft, ja sogar um Fusionsenergie handelt, und sei es auch nur in bescheidenstem Umfang (falls sie überhaupt existiert) — Voraussetzung ist, daß wir über Dynamomaschinen zur Erzeugung von Elektrizität verfügen. Wir haben davon gesprochen, daß die Möglichkeit besteht, nicht nur den Generator selbst, sondern auch die Wicklungen und die Kraftstromleitungen aus Eisen herzustellen. Wir haben auch festgestellt, daß diese ersten Generatoren zur Elektrizitätserzeugung notwendigerweise einen bedeutend niedrigeren Wirkungsgrad hätten als die Dynamos von heute. Die Verluste im Leitungsnetz wären ebenfalls groß. Hier gilt es jedoch, auszuhalten und einen gewissen

Teil der Elektrizität für die Herstellung von Aluminium und Magnesium abzuzweigen, Stoffe, die die Wicklungen der Generatoren wie auch die Leitungsdrähte für die Kraftversorgung über große Entfernungen ersetzen können. Sind wir soweit, so ist das Problem gelöst, und eine Elektrizitätserzeugung größeren Umfangs kann anlaufen.

Wir haben von Aluminium und Magnesium gesprochen. Aluminium wird aus dem Mineral Bauxit unter Verschmelzung von Salzen gewonnen. Bei einer Temperatur von 600°, die sich durch die Verbrennung von Holz erreichen läßt, wird die Schmelze durch einen Gleichstrom von 10 bis 12 Volt und einigen tausend Ampere elektrolytisch zersetzt. Das Aluminium setzt sich als geschmolzenes Metall an den Kathoden ab und kann in geschmolzenem Zustand in gewissen Intervallen abgezapft werden. Magnesiummetall wird in gleicher Weise durch die Elektrolyse von geschmolzenem Magnesiumchlorid gewonnen. Das Verfahren hat also große Ähnlichkeit mit der Aluminiumherstellung, wie aber soll Magnesiumchlorid für die Schmelze beschafft werden? Dafür haben wir eine ganze Anzahl von Methoden, für die Meerwasser das Ausgangsmaterial ist. Diese Methoden setzen viel chemisch-technisches Können voraus, aber auch mit unseren — nun primitiven — Mitteln sollte sich der Prozeß durchführen lassen. Der erste Schritt ist, aus Kalkstein, $CaCO_3$, durch Glühwärme Kalk, CaO, zu gewinnen. Die Kohlensäure verflüchtigt sich, und zurück bleibt der Kalk. Der zweite Schritt besteht darin, ganz einfach eine kleine Bucht mit Meerwasser einzudämmen und den uns nun zur Verfügung stehenden Kalk andauernd in das Salzwasser zu gießen, wodurch gelöste Magnesiumsalze sich als Niederschlag von Magnesiumhydroxyd auf dem Boden absetzen. Dieses kann aufgeschaufelt und in Breiform mit Salzsäure behandelt werden, die man durch Elektrolyse von konzentriertem Meerwasser zu Chlor und Wasserstoff erhält. Die beiden, zu Chlorwasserstoff, HCl, verbunden, werden in wäßriger Lösung Salzsäure genannt. HCl und Magnesiumhydroxyd werden nun zu Magnesiumchlorid verbunden, das nach Verdunstung bis zur Trockenheit für die Schmelzelektrolyse bereit ist.

Wir brauchen also an zwei Punkten Elektrizität: für die Elektrolyse des Salzwassers und für die Elektrolyse des geschmolzenen Magnesiumchlorids. Außerdem brauchen wir an zwei Punkten des Verfahrens Wärme: zum Brennen von Kalk aus Kalkstein sowie zur Konzentrierung des Meerwassers und zur Reduktion der Magnesiumchloridlösung. Diese Wärme erfordernden Prozesse können wir, um Strom zu sparen, auch mit Holzwärme durchführen.

Sobald das Problem der Herstellung von Magnesium- und Aluminiummetall gelöst ist, kann mit dem Bau von Generatoren und Motoren der — wie wir sie nennen können — zweiten Generation begonnen werden. Sowohl Aluminium wie Magnesium lassen sich zu Draht verarbeiten, mit Isoliermitteln aus Holzprodukten isolieren und nun für die Wicklungen der Motoren und Generatoren wie auch für Leitungen zum Energietransport über große Entfernungen verwenden. Aluminium wird schon heute in unseren Hochspannungsleitungen verwendet. Magnesiumdrähte, die die Tendenz hätten, in feuchter Luft zu korrodieren, müßten vermutlich mit einer Plastschicht versehen werden.

Wenn wir die Möglichkeiten erörtern, durch äußerste Anstrengungen nach und nach elektrische Kraft und ein Energieverteilungsnetz aufzubauen, gehen wir davon aus, daß wir als Energiequellen ausschließlich Holzfeuer und Dampfmaschine oder Wasserkraft zur Verfügung haben. Das sollte für bescheidene Anforderungen genügen. Und das ist die eine Alternative. Die einzige andere Alternative wäre, daß wir zu jenem Zeitpunkt bereits imstande sind, die Fusionsenergie auszunützen. Die Lage wäre dann weit einfacher. Die Zukunftsmöglichkeiten pendeln also zwischen zwei Alternativen: Kraft *ohne* — oder Kraft *mit* Fusionsenergie.

Sollen wir je soweit kommen, die Fusionsenergie für technische Zwecke einzusetzen, so muß das im Laufe der nächsten hundert Jahre geschehen. Ab 2070 und in der darauffolgenden Zeit werden wir voll und ganz mit dem Problem befaßt sein, irgendwie zu überleben. Gerade jetzt müßten wir die Frage der Fusionsenergie vordringlich behandeln und für ihre Lösung Summen in gleicher Höhe zur Verfügung stellen wie für empfängnisverhütende Mittel und ihre Verteilung.

Antikonzeptionelle Mittel und Fusionsenergie — das sind die beiden wichtigsten Projekte, die die Menschheit zu bewältigen hat. Versäumen wir es, sie bis etwa 2050 durchzuführen, so enden wir im Zwischenspiel in Moll, und die einzige dann noch bestehende Möglichkeit, Forschung auf Sparflamme zu betreiben, wird uns schwerlich erlauben, komplizierte Probleme chemischer und technischer Art in Angriff zu nehmen.

Eine Frage drängt sich auf. Angenommen, es würde unter Aufgebot aller Hilfsmittel der modernen Chemie und Physik wider Erwarten gelingen, in etwa dreißig Jahren die harte Nuß der Fusionsenergie zu knacken — wären wir dann wohl mit den Energiemitteln des 18. Jahrhunderts, selbst mit dem theoretischen Können des 21. Jahrhunderts, imstande, das Fusionsproblem ohne die Möglichkeit eines massiven Einsatzes von Energie aus fossiler Kohle zu lösen?

Die Aussicht ist wahrlich gering. Es gibt für uns nur die beiden Alternativen: Entweder es gelingt in den nächsten hundert Jahren, das Problem der Fusionsenergie zu lösen und in gewissem Umfang technisch zu entwickeln — oder aber es gelingt uns *nicht*. Sind wir zu einer technischen Verwendung der Fusionsenergie vorgestoßen, so muß diese Idee als lebensnotwendig weitergeführt und während der Notjahre erhalten werden, damit bei Neubeginn eine Technik aufblühen kann — immer vorausgesetzt, daß die Produktion elektrischer Energie den Bau eines Fusionsreaktors zuläßt.

Die weitere Entwicklung der heranwachsenden neuen Gesellschaft, die sich, wie wir uns vorstellen wollen, unter heroischen Anstrengungen ein Verteilungsnetz zur Elektrizitätsversorgung aufgebaut hat, ist ein für allemal durch folgendes bestimmt:

1. Entweder gründet sich die Entwicklung auf eine reine Agrarwirtschaft unter ortsgebundener Unterstützung durch Elektrizitätszuteilung und Industrien, die von Holz und Wasserkraft abhängig sind, oder

2. die Idee der Fusion ist technisch bereits so weit entwickelt, daß die Möglichkeit besteht, den Fusionsgenerator zu verwirklichen. Sollte das der Fall sein, dann wäre die Frage der Energieversorgung nicht allzu schwierig, und Holz sowie die noch vorhandenen Reste fossiler Kohle — falls es solche Reste überhaupt gibt — könnten einer chemischen Industrie noch als materielle Grundlage dienen.

In beiden Fällen müssen wir jedoch damit rechnen, daß die Bevölkerung der Erde hauptsächlich von Land- und Forstwirtschaft lebt. Ohne Fusionsenergie — die erste Alternative — müßte die Agrikultur mit einem Minimum an Energie arbeiten, die durch den Ausbau der vorhandenen Wasserfälle als Elektrizität gewonnen werden könnte. Mit Fusionsenergie — die zweite Alternative — können Land- und Forstwirtschaft in gewissem Umfang mechanisiert werden. In diesem Fall erreicht das Potential der chemischen Industrie ein Niveau, das dem Stand des 20. Jahrhunderts entspricht.

Wägt man die beiden Alternativen gegeneinander ab, so erkennt man sogleich, wie sehr die Zukunft der Erde von der Entwicklung der Forschung im Zeitraum 1970 bis 2070 abhängt. In manchen Gebieten der Erde ist die erste der beiden Alternativen schon heute durchführbar: Versprengte Gebiete einer Kultur, die auf der Nutzung des Bodens und der Wälder beruht und über einige chemische Industrie verfügt, deren Rohstoff Holz ist. Es ist die wahrscheinlichere der beiden Alternativen, daneben aber besteht durchaus die Möglichkeit, daß auch die zweite Alternative durchführbar ist.

Nun ist es an der Zeit, die beiden Gesellschaftsformen näher in Augenschein zu nehmen.

9. Sonne, Regen und Ernte

Die Agrargesellschaft als Thema: Langsam beginnt der Mensch Neuland zu machen, größtenteils Felder, die während der Notzeit brachlagen. Versprengte Agrargebiete wachsen zusammen. Ackerbau und Forstwirtschaft werden mit Weiden verschiedener Art verbunden, wobei Sonne und Regen kostenlose Beiträge der Sonnenenergie liefern.

Als kurzes Intermezzo seien hier die Größe der Sonnenenergie und ihre verschiedenen Erscheinungsformen der Erde dargestellt. Um welche Werte handelt es sich? Wir sagten bereits, daß zur Berechnung großer Energiemengen die Größe Q verwendet wird. Um es zu wiederholen: Ein Q entspricht $250 \cdot 10^{12}$ kWh. Im Jahre 2000 sind wir auf dem Weg, 0,4 Q jährlich zu verbrauchen.

Wie groß ist nun, in Q berechnet, der Energiebeitrag der Sonne an unseren Planeten? Insgesamt empfängt die Erde jährlich Sonnenenergie in der Größenordnung von etwa 3000 Q. Bringt man in Abzug, was höhere Luftschichten reflektieren, so erhält die Erdoberfläche selbst rund gerechnet 1200 Q/Jahr. Das ist ein ungeheurer Wert. Von diesen 1200 Q/Jahr werden ungefähr 1000 Q von den Meeresflächen absorbiert. Hier verdunsten etwa $400 \cdot 10^3$ km³, also 400 000 Kubikkilometer

Wasser jährlich. All dieses Wasser steigt in die Atmosphäre auf und geht als Regen nieder.

Da das Festland nur 28 Prozent der gesamten Erdoberfläche ausmacht, müßten sie jährlich eine Regenmenge von ungefähr 110 000 Kubikkilometern erhalten. In Wirklichkeit ist die Menge etwas größer, weil Gebirgsmassive vorbeiziehende Wolken höher in die Atmosphäre hinaufzwingen, als das über den Ozeanen der Fall ist. Man rechnet mit einer jährlichen Regenmenge von etwa 120 000 Kubikkilometern über den Landflächen. Diese eindrucksvolle Wassermenge nimmt durch Gerinnsel, Bäche, Flüsse und Ströme den Weg zum Meer. Nur ein Bruchteil des über dem Festland niedergehenden Regens kann durch Staudämme und turboelektrische Aggregate zur Erzeugung von Elektrizität verwendet werden. Von den 300 Q/Jahr über dem Festland werden Berechnungen zufolge der Zeit 0,003 Q im Jahr in elektrische Kraft umgesetzt. Bei voller Nutzung aller verwertbaren Gewässer könnten höchstens 0,05 Q jährlich in Form von Elektrizität gewonnen werden.

Wie viele Q werden nun eigentlich von der Erde und den Pflanzen bei der Aufnahme von Kohlensäure und Abgabe von Sauerstoff absorbiert?

Wir können damit rechnen, daß die Photosynthese in Form von Kohlensäureaufnahme auf der ganzen Erde 1 bis 2 Q jährlich, vielleicht sogar bis zu 10 Q/Jahr beansprucht. Die Berechnungen ergeben jedoch einen Wert von 2 Q/Jahr als die wahrscheinlichste Ziffer.

Die Verteilung der eingestrahlten Q-Einheiten läßt sich in einer Tabelle veranschaulichen.

Gesamte absorbierte Sonnenenergie, abgegeben an Meere und Festland 1200 Q/Jahr
A. Wasserverdunstung insgesamt 1000 Q/Jahr
   Regen über Meer 700 Q/Jahr
   Regen über Land 300 Q/Jahr
B. Hiervon genutzte Wasserkraft 1970 0,003 Q/Jahr
   Maximal nutzbare Wasserkraft 0,05 Q/Jahr
C. Photosynthese für die ganze Erde, Meeresgewächse und Landpflanzen 2—4 Q/Jahr
   Photosynthese für nutzbaren Wald und Kulturpflanzen 0,1 — 0,5 Q/Jahr
D. Absoluter Wirkungsgrad der eingestrahlten 1200 Q/Jahr: für Photosynthese 0,2 — 0,4 %
   für Wasserkraft 0,0003 — 0,004 % max.

Eine genauere Betrachtung der Tabelle zeigt, daß nur ein Bruchteil der absorbierten Sonnenenergie der Menschheit auf dem Umweg über Wasserkraft und Photosynthese zugute kommt. Dennoch haben wir Milliarden von grünen Algen im Meer — die Grundnahrung für Fische auf verschiedenen Ebenen der Produktionskette. Wir haben Sonnenenergie für Wälder und bebaute Äcker, wobei noch Energie für die Erzeugung von Wasserkraft übrigbleibt.

Das ist aber auch alles, und wir müssen einsehen, daß Sparsamkeit nötig ist. Die reine Agrargesellschaft, einschließlich Fischerei und Wasserenergie, kann höchstens 2 bis 3 Milliarden Menschen einen annehmbaren, aber keineswegs üppigen Lebensstandard gewährleisten. In unserer zukünftigen Agrargesellschaft wird die absorbierte Sonnenenergie grob gerechnet im Verhältnis 100 : 4 zwischen Land- und Forstwirtschaft einerseits und Industrie anderseits verteilt. Es ist dies das natürliche Verhältnis, an dem nicht viel zu ändern ist. Ein Teil der Wälder wird jedoch in den industriellen Sektor übergeführt werden. Wir müssen damit rechnen, daß Holz in gewissem Umfang der Industrie zugute kommen muß. Der Rest wird in den Landgebieten als Baumaterial und zur Beheizung verwendet.

Der Teil des Waldes, der in Form von Stämmen, Spaltholz und Spänen dem Industriesektor zugeteilt wird, ist die wichtigste Rohstoffquelle der organisch-chemischen Industrie.

Es ist verblüffend, welch weiten Verwendungsbereich Holz als chemischer Rohstoff besitzt. Erstens kann es zu Holzkohle plus flüchtigen Produkten, beispielsweise Essigsäure und Methanol, verkohlt werden. Holzkohle ist als Reduktionsmittel für Eisenoxyde unentbehrlich für die Eisenerzeugung. Die Holzkohle selbst wurde vom Beginn der Eisenzeit bis zum Anfang des 19. Jahrhunderts zu diesem Zweck verwendet. Außerdem kann man Holz in großem Maßstab, und zwar mit Hilfe einfacher chemischer Verfahren, in Zucker verwandeln. Aus Zucker wiederum können wir mit Hilfe verschiedener Mikroorganismen Äthylalkohol, Butanol und Azeton herstellen, — Verbindungen, die sich als flüssiger Brennstoff verwenden lassen und außerdem Ausgangsmaterial für weitere chemische Verarbeitung sind. Figur 6 zeigt die Verzweigung der chemischen Reaktionen, die mit Holz als Ausgangsstoff möglich sind.

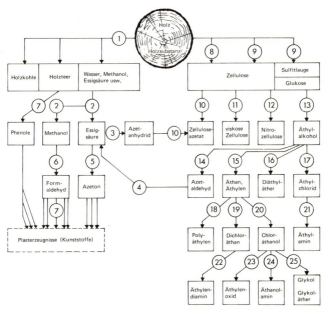

Fig. 6. Schema der Möglichkeiten für die Holzchemie. Wie man sieht, läßt sich eine Fülle von Produkten mit Holz als Ausgangsmaterial herstellen.

Wie bereits erwähnt, hat die künftige Agrargesellschaft hinsichtlich der Kommunikationsmittel mit großen Schwierigkeiten zu kämpfen. Die Straßen sind in schlechtem Zustand, die Oberfläche bestenfalls ein Gemisch aus Sand und Holzkohlenteer. An flüssigem Brennstoff besteht ständiger Mangel. Methanol, Äthanol, Butanol und Azeton, aus von Säuren und Mikroorganismen angegriffenem Holz, stehen allerdings für unbedingt notwendige Transporte zur Verfügung. Für den Kurzstreckenbetrieb können wir mit Holz- und Holzspangeneratoren rechnen, wie sie im letzten Krieg mancherorts in der kurzen Epoche des Holzgases verwendet wurden. Natürlich können wir uns auch mit Pferdefuhrwerken behelfen, falls das Pferd die Krisenjahre überlebt hat. Das *Fahrrad* in seiner einfachsten Form ist wieder da und gehört zu den Spitzenerzeugnissen der wiederentstehenden Industrie. Hinzu kommen für weite Entfernungen Segelschiffe, die natürlich von Windkraft getrieben werden. Segelschiffe gibt es seit unvordenklichen Zeiten, und bis in die Mitte des 19. Jahrhunderts waren sie das vorherrschende Verkehrsmittel für Ferntransporte. Ich sehe keinen Grund, weshalb die Agrargesellschaft nicht Schiffe und Häfen bauen und Waren in Mengen bis zu 1000 Tonnen oder sogar mehr austauschen sollte. Angesichts der fortbestehenden Tradition in Schiffbau, Segeltechnik und Navigation sollten die Schiffe in der Gesellschaft der Zukunft ihre Position im Kommunikationsnetz behaupten können.

Ein Besuch auf dem Festland, unweit der Küste, zeigt uns, wie die Gesellschaft funktioniert. Mittelpunkt der Organisation ist die Dorfgemeinschaft, von der Direktiven und Beschlüsse ausgehen. Prinzipiell lebt man autark, doch werden bestimmte Mengen von Lebensmitteln an die Industriegemeinschaft an der Küste geliefert. Die Nahrungsmittel werden gegen Werkzeug und einfache Dinge wie Nägel und Schrauben eingetauscht.

Der Aufbau der Dorfgemeinschaft erinnert an die Dorfkommunen des heutigen China, aber auch an die Dorfgemeinschaften des Mittelalters, wie sie sich in manchen Teilen Europas bis ins 19. Jahrhundert hinein behaupteten. Einem Vertreter der Gemeinschaft obliegt es, die Direktive einer höheren Instanz, einer Art von Regierung, entgegenzunehmen und für ihre Durchführung zu sorgen. Die meisten Mitglieder der Dorfgemeinschaft arbeiten auf den Feldern, doch üben manche auch ein Handwerk aus: Da gibt es einen Dorfschmied und einen Dorftischler, und nicht zuletzt ein oder zwei Personen, die eine gewisse Ausbildung in der Heilkunst bekommen haben.

Gerade in diesem Bereich stoßen wir auf ein Problem. Unsere heutige Medizin und Arzneimittelindustrie stützen sich auf eine weitgehende Integration im Industriestaat. In Zukunft wird es fast ausgeschlossen sein, gewisse Medikamente, sogar so einfache wie Aspirin, zu beschaffen, zumindest in größeren Mengen. Hingegen sollte es möglich sein, eine ganze Anzahl Arzneimittel vom Typ der

Antibiotika herzustellen, und zwar auf der Grundlage von verzuckertem Holz mit angepaßten Mikroorganismen. Zu den Antibiotika, die in Betracht kommen, gehört auch Penicillin. Zentralisierte Krankenhäuser im heutigen Sinne dürften, schon wegen der mit dem Krankentransport verbundenen Schwierigkeiten, nicht lebensfähig sein. Es ist Sache des Arztes, wieder mobil zu sein.

Auf den Äckern wird, wie auf den ersten Blick erkennbar, ein Großteil der Arbeit mit reiner Muskelkraft ausgeführt. Vielleicht verfügt das eine oder andere Kollektiv über irgendeine Form von primitivem Traktor, der mit Holzgas betrieben wird. Traktorführer und Dorfmechaniker haben sicher alle Hände voll zu tun, einen solchen Schlepper in Gang zu halten.

Geerntet werden Weizen, Roggen, Gerste, Raps, Rüben, Kartoffeln und Hülsenfrüchte, je nach den natürlichen Bedingungen der Region. Ein Teil der gewonnenen Fettstoffe geht in die Seifenfabrikation — an Holzasche als Alkali herrscht kein Mangel —, ein anderer Teil dient zur Beleuchtung der Behausungen. Wir sehen sicher die alte Öllampe wieder, möglicherweise auch Talglichter. In manchen Gegenden können wie früher Pflanzen zur Textilherstellung, etwa Baumwolle, angebaut werden.

Je nach ihrem Standort sind die Häuser im allgemeinen ebenerdig oder einstöckig. Das Baumaterial ist Holz, Stein oder Ziegel, letztere wahrscheinlich handgeformt und an der Sonne getrocknet. Der

Komfort im Inneren der Häuser entspricht dem des 18. Jahrhunderts. Sanitäre Anlagen, wie wir sie heute kennen, gibt es nicht. Das «Häuschen» ist einfach eine Notwendigkeit, Dünger ist kostbar. Alles, was man selbst anfertigen kann, wird zu Hause gemacht, so Haushaltgeräte und Teile von Ackergeräten.

Die Nahrung ist mehr als einfach: Brei, Rüben, Kartoffeln und andere Hackfrüchte, dazu an Ort und Stelle gefangene Fische, vielleicht auch Salz- und Dörrfisch aus den Küstengebieten. Soweit der Haustierbestand dies zuläßt, kann der spartanische Speisezettel gelegentlich durch ein Stück Fleisch aufgebessert werden.

Wie man sieht, ist es ein eintöniges Leben, völlig vom Ertrag der Felder abhängig. Im Wald wird gearbeitet, wo eine Beförderungsmöglichkeit besteht. Die Holzstämme werden wie einst geflößt. Da und dort werden Zugtiere zur Arbeit im Wald verwendet, ja man bringt es vielleicht sogar zu einem Traktor. Die örtliche Gewinnung von Holzkohle durch Verbrennung von Holz ist häufig. Holzkohlefuhren in die Hafensiedlungen bedeuten Nachschub für die Eisenerzeugung und Material für die chemische Industrie, die unter anderem nach einem Verfahren aus dem 20. Jahrhundert Kohle in Methanol verwandelt. Methanol erscheint auch als örtlich hergestelltes Holzdestillat und wird als — streng rationierter — flüssiger Brennstoff abgesetzt.

Eine für alle Gemeinwesen der Zukunft gültige Frage haben wir bisher nicht berührt: Was ist aus den Großstädten geworden, diesen, was die Nahrungsmittelerzeugung betrifft, sterilen Betongebilden, die oft eine Fläche von vielen Quadratkilometern bedecken?

In unseren Tagen ist die allgemeine Tendenz einer Abwanderung in die Großstädte unverkennbar. Sie ist in den übervölkerten Gebieten Südostasiens und Südamerikas besonders ausgeprägt. Eine Bevölkerung, die sich bereits in einem akuten Hungerstadium befindet, wird von den Großstädten wie von einem Magneten angezogen, weil sie hofft, dort ein Auskommen zu finden und überleben zu können. Diese Tendenz dürfte bis in die Mitte des 21. Jahrhunderts anhalten — bis zu dem Zeitpunkt also, da die Hungersnot in den Großstädten allen Ernstes ihren Anfang nimmt. Von da an ist mit Massensterben, Demonstrationen und Sabotageakten aus echter Verzweiflung heraus zu rechnen. Es bedarf keiner großen Phantasie, sich auszumalen, wie es in einer Riesenstadt aussieht, wenn die Stromversorgung unterbrochen und die Lebensmittelzufuhr am Erliegen ist. Hat die Verzweiflung den Punkt erreicht, an dem die — organisierte und unorganisierte — Plünderung der zugänglichen Lebensmittelvorräte einsetzt, dann kommt es höchstwahrscheinlich zur Panik, zur Massenflucht in umgekehrter Richtung — aus den städtischen Gebieten auf das Land hinaus. Die bereits übervölkerten Gebiete erhalten nun den Zuzug hungernder Scharen, deren Schicksal sich auch durch die gezielte Verteilung von zu diesem Zeitpunkt schon drastisch begrenzten Lebensmitteln aus *vielleicht* existierenden Industrieländern nicht aufhalten läßt.

Auf dem Höhepunkt der Schreckenszeit ist in den vielen Großstädten kein Bissen Brot zu holen. Sie liegen verlassen da, Häuser ohne Bewohner. Vielleicht werden sie jahrhundertelang nichts als sterile Steindenkmäler sein, bis die Lage wieder einigermaßen ins Lot kommt und die Zukunftsgesellschaft Modell I, wie dargestellt, entsteht.

Damit ist nicht gesagt, daß die Großstädte nicht nach und nach sporadisch von benachbarten Agrargemeinschaften aufgesucht werden. Dank ihrem Gespür für das Praktische haben die Menschen natürlich entdeckt, daß entvölkerte Großstädte Quellen für alles mögliche Material darstellen, beispielsweise für Metallgegenstände, Hausgerät und dergleichen. Es ist durchaus denkbar, daß unternehmungslustige Personen aus angrenzenden Gebieten Plünderungszüge in die Stadt unternehmen, ja gelegentlich mag es sich sogar um eine organisierte und systematische, von zentraler Stelle geleitete Ausplünderung der Großstädte handeln. Jede verlassene Großstadt enthält eine Unmenge von Dingen, die sich forttragen und auf nützliche Art verwenden lassen, also wäre es durchaus verständlich, wenn es über lange Zeiträume hinweg zu einer «Requisition» in staatlicher Regie oder auch zur reinen Schatzjägerei von privater Seite käme. Was übrigbleibt, sind die Hausskelette, manche als verwitterte Ziegelhaufen, andere noch immer aufrechte, hundert Meter hohe Betonmonumente. Die neu emporwachsenden Industrien siedeln sich wahrscheinlich in den Grenzgebieten zwischen Stadt und offenem Land an. Eine eigentliche Neubesiedlung der Städte dürfte, zumindest in größerem Umfang, aus praktischen Gründen ausgeschlossen sein. Eine Großstadt, die nicht unterhalten wird, hat nach ein paar hundert Jahren nur noch Schrottwert, aber in einer Gesellschaft, in der strenge, zwingende Vorschriften für die Wiedergewinnung jedes einzelnen Kilos Metall bestehen, ist natürlich auch der von Bedeutung.

Es leuchtet ein, daß das Bild einer künftigen Agrargesellschaft nur in vagen Umrissen gezeichnet werden kann. Was wir aber jedenfalls festhalten können, ist die Tatsache, daß diese Gesellschaft ganz auf der primitiv mechanisierten Bestellung des Bodens und auf Forstwirtschaft aufgebaut ist. Wohl gibt es einige Industrien und Zentren für Energieversorgung, aber es besteht keinerlei Tendenz zur Industrialisierung. Soweit Städte überhaupt neu gebaut werden, geschieht dies in bescheidenem Ausmaß. Die Großstädte Modell 2000 sind entvölkert, alles, was irgendwie verwendet werden kann, ist fortgeschafft worden.

Das Dasein auf der Erde hat sich wieder stabilisiert, und wie vor Jahrtausenden hängt es von Wind und Wetter ab. Es ist ein System, das Aussicht haben könnte, eine unberechenbare Anzahl von Jahren zu funktionieren. Wissenschaft und Technik arbeiten intensiv und zielstrebig. Abenteuerliche Unternehmen wie Mondreisen und Kontaktnahme mit anderen Welten werden keineswegs gefördert, solche Dinge gehören vorläufig der Vergangenheit an. Der Unterricht ist ganz auf praktische Dinge eingestellt. In manchen Industriezentren gibt es eine Art höherer Schulen, die Mechaniker, Ingenieure und Industrieleiter heranbilden. Auch auf biologischem Gebiet wird Forschung betrieben, in erster Linie in der Genetik, um neue Nutzpflanzen zu entwickeln. Das sind die Zukunftsaussichten der einen Alternative.

10. Die Energiegesellschaft

In der Agrargesellschaft Modell I, die wir eben skizziert haben, taucht vielleicht eines Tages das Gerücht auf, daß in der Region X ein Fusionsgenerator zu arbeiten begonnen habe. Sollte sich das Gerücht bestätigen, so bestünde die Möglichkeit, die Gesellschaft Modell I in eine Gesellschaft Modell II zu verwandeln: eine Gesellschaft, in der die Energieversorgung gesichert ist.

Daß es gelungen ist, den Generator in Betrieb zu setzen und billige elektrische Energie zu erzeugen, bedeutet aber noch keineswegs, daß die Mitglieder der Agrargesellschaft es sich leisten könnten, auf der faulen Haut zu liegen — im Gegenteil.

Vor allem wäre ein solcher Fusionsgenerator zunächst vermutlich ein materialverzehrendes Ungetüm, und die erzeugte Kraft würde wohl gar nicht direkt in das Kraftstromnetz geleitet werden. Eines ist sicher: Ein Teil der Kraft wird zur Herstellung von Schwerem Wasser verwendet werden, ein einfaches, aber kostspieliges Verfahren. Die Maschine produziert also ihren eigenen Rohstoff, das Wasserstoff-Isotop D, für die Energieerzeugung. Der Überschuß an Energie wird sicherlich gebraucht, um das nötige Material für einen oder zwei neue Reaktoren zu beschaffen und zu bearbeiten, mit anderen Worten: eine Art Vermehrung durch Knospung. Reaktor 1 erzeugt Kraft für sich selbst + Kraft für die Konstruktion der Reaktoren 2 und 3 (vgl. Seite 44 ff.).

Was das Rohmaterial für die Reaktoren betrifft, müssen wir jedoch ganz sicher gehen. Eisen ist in der Zukunft, von der wir sprechen, ein seltenes Metall geworden, dafür aber kann *Titan* — aus Titanoxyd — und aus Meerwasser gewonnenes Magnesium in vielen Fällen an die Stelle des Stahls treten. Titan ist ein interessantes Metall. Es hat einen etwas höheren Schmelzpunkt als Eisen, nämlich 1690 °Celsius (Eisen: 1520 °Celsius). Es ist außerdem verhältnismäßig leicht, spezifisches Gewicht 4,9. Es ist haltbar und völlig widerstandsfähig gegen Rost und die meisten Säuren. Einen Nachteil hat es allerdings. Es leitet Elektrizität dreißigmal schlechter als Kupfer. Seine Vorzüge überwiegen jedoch so, daß die späteren Fusionsgeneratoren weitgehend aus Titan als Grundmaterial konstruiert werden können. Nachdem die ersten Fusionsgeneratoren ihre eigene künftige Existenz gesichert haben, wird unter allen Umständen ein immer breiterer Strom von Elektrizität zur allgemeinen Verwendung in vielen Kraftzentralen generiert werden können. Das Verteilungsnetz der verschiedenen Regionen kann nun allmählich erweitert werden. Die Zeit, da Elektrizität rationiert werden mußte, ist vorüber.

So weit, so gut, eines aber darf nicht vergessen werden: *Elektrische Energie an sich bringt keine*

Nahrungsmittel hervor. Zumindest nicht unmittelbar. Der Vorteil der Fusionsenergie und einer ausreichenden Elektrizitätsversorgung liegt darin, daß Land- und Forstwirtschaft nun bis zu einem gewissen Grad mechanisiert werden können. Wir stellen uns eine Landschaft vor, die von elektrischen Leitungen durchzogen wird. Von diesen Leitungen kann Kraft für Traktoren abgezapft werden: zum Pflügen, zum Eggen, zum Säen und zum Ernten. Diese Traktoren haben zunächst freilich den Nachteil, daß sie ein abscheulich langes Kabel auf einer Kabeltrommel mit sich schleppen müssen. Sie können rollen, so weit das Kabel reicht, können also nur in einem gewissen Umkreis arbeiten. Ist das Kabel abgespult, so muß man zur nächsten Anschlußstelle fahren, was technisch betrachtet natürlich keine elegante Lösung ist. Verbesserte elektrische Batterien wären folglich ein wahrer Segen, ebenso von Akkumulatoren getriebene Fuhrwerke für den Kurzstreckentransport.

Sobald wir die Land- und Forstwirtschaft auf diese Weise mechanisieren können, sollten wir auch imstande sein, Wasser in großem Maßstab zu elektrolysieren, um Sauerstoff und Wasserstoffgas zu gewinnen. Wasserstoffgas, H_2, und Stickstoffgas, N_2, aus der Luft ergeben unter elektrischem Strom Ammoniak und/oder Nitrate, die beide als Düngemittel verwendbar sind. Damit wäre eine neue Quelle für die Gewinnung von Stickstoffverbindungen erschlossen, die die Landwirtschaft so dringend braucht.

Haben wir genügend Wasserstoffgas zur Verfügung, so können wir bei hoher Temperatur und relativ hohem Druck Kohlenmonoxyd — aus Holzkohle — reduzieren. Für das Kohlenmonoxyd bestehen zwei Möglichkeiten. Die eine bedeutet volle Hydration durch Wasserstoffgas beim Vorhandensein gewisser Katalysatoren zum Kohlenwasserstoff Methan, CH_4. Der zweite Typ der Hydration ergibt bei heute bekannten Methoden Methanol, CH_3OH, einen flüchtigen Alkohol, der als Lösungsmittel und möglicherweise als flüssiger Treibstoff verwendbar ist. Durch Erwärmung und beim Vorhandensein gewisser Katalysatoren läßt sich Methan dann in Azetylen und Äthan verwandeln,

1 $\quad C + H_2O \xrightarrow{\text{Wärme}} CO + H_2$
  Kohle Wasser Kohlenmonoxyd Wasserstoff

2 $\quad CO + 2H_2 \xrightarrow{\text{Wärme}} CH_3OH$
  Kohlenmonoxyd Wasserstoff Methanol

3a $\quad CO + 3H_2 \xrightarrow{\text{Wärme}} CH_4 + H_2O$
   Methan

3b $\quad 2CH_4 \xrightarrow{\text{Wärme}} CH \equiv CH + 2H_2$
   Azetylen, Äthan
   zahlr. organische
   Verbindungen

die das Rohmaterial für eine Menge organischer Verbindungen darstellen.

Wie man sieht, haben wir hier elektrische Energie zur Gewinnung von Methan und Methanol ausgenützt. Diese Verbindungen lassen sich ihrerseits in zahlreiche nützliche Chemikalien verwandeln. Dabei ist zu beachten, daß wir als Ausgangsmaterial Holzkohle, in Meilern aus gewöhnlichem Holz gewonnen, verwenden. Falls es an manchen Orten noch Steinkohle gibt, können wir natürlich nach dem gleichen Schema Koks hydrieren.

Zunächst aber kann man vom Materialproblem nicht absehen. Wir haben Elektrizität, aber an Kohle herrscht arger Mangel. Die Gewinnung von Holzkohle aus Holz ist ein langsamer und kostspieliger Prozeß. Er ist es, der in diesem Fall der Chemie Grenzen setzt.

Läßt sich dieser Engpaß in der chemischen Industrie nicht überwinden? Doch, es gibt tatsächlich eine technische Möglichkeit, nur sind dazu große Energiemengen erforderlich, nämlich, sich der *Kohlensäure der Luft,* CO_2, zu bedienen. Wieder können wir uns an ein einfaches Schema halten.

Wir beginnen damit, fein verteiltes Zink unter Druck mit Kohlensäure zu behandeln, die man nach den heutigen Prinzipien für die Trockeneisherstellung aus der Luft gewinnt. Die Reaktion vollzieht sich nach der folgenden Formel:

$$CO_2 + Zn \longrightarrow CO + ZnO$$

Hier haben wir Kohlenmonoxyd gewonnen, das wir durch Druckhydration mit Wasserstoffgas in Methan oder Methanol verwandeln können. Das dabei entstehende Zinkoxyd kann bei hoher Temperatur mit Wasserstoff wieder zu Zink regeneriert werden. Das Zink wird also im Grunde nicht verbraucht, sondern wechselt nur seinen Zustand zwischen Zinkmetall und Zinkoxyd. Läßt sich dieser Prozeß direkt durchführen, mit anderen Worten, kann Kohlensäure, CO_2, direkt beispielsweise in Methan hydratisiert werden? Auch das ist möglich, aber es erfordert große, verläßliche Druckbehälter und eine Unmenge elektrolytisch gewonnenen Wasserstoffs:

$$CO_2 + 4 H_2 \longrightarrow CH_4 + 2 H_2O$$

Im Grunde erinnert der Prozeß an die stille Art der Pflanzen, Kohle in Zucker und Stärke zu hydratisieren, nach der Formel:

$$CO_2 + H_2O \xrightarrow{\text{Sonnenlicht}} /CH_2O/ + O_2$$

Dieser Prozeß vollzieht sich genau besehen in zwei Stadien, die sich stark vereinfacht so beschreiben lassen:

1. $2 H_2O + 2X + \text{Sonnenlicht} \longrightarrow 2 XH_2 + O_2$
2. $CO_2 + 2 XH_2 \longrightarrow /CH_2O/ + H_2O$

Der zweite Prozeß stellt die eigentliche Hydration dar. Die Spaltung von Wasser via Chlorophyll

— X — und Sonnenlicht ist das, was im Haushalt der Pflanzen die eigentliche Energiezufuhr von außen erfordert.

Diese kleine Exkursion in die Randgebiete der Chemie sollte zeigen, daß die Kohlenreserve, die als Karbonate in Mineralien, als gelöste Kohlensäure im Meer und zu 0,03 Prozent CO_2 in der Luft vorhanden ist, sich unter elektrischer Energie tatsächlich in Kohlenwasserstoff und in Alkohole verwandeln läßt. Die Fusionsenergie vermag auf diese Weise aus reiner, der Luft und Kalkstein entstammender Kohlensäure, CO_2, organische Chemikalien zu produzieren.

Die Vorstellung von einer solchen Anwendung der Fusionsenergie wirkt an sich ermutigend. Was hier als Hindernis für die Durchführung des Prozesses in großem Stil auftreten kann, ist etwas ganz Banales: Alles hängt davon ab, daß man die richtigen Katalysatoren zur Verfügung hat, die in den Mineralien der Erdrinde vielleicht nur noch in ganz geringen Mengen vorhanden sind. Elektrisch getriebene Bohrmaschinen vermögen dieses Problem vielleicht zu lösen und die notwendigen Tiefbohrungen zu ermöglichen.

Für die Gewinnung von Eisen besteht die Möglichkeit, angereicherte Eisenoxyderze mit elektrolytisch gewonnenem Wasserstoffgas zu reduzieren und so den klassischen, kohleschluckenden Reduktionsprozeß zu vermeiden. Also:

$$Fe_2O_3 + 3H_2 \longrightarrow 2Fe + 3H_2O$$

Auf dem Papier nimmt sich das alles recht hübsch aus, aber wir müssen immer wieder zum Problem Nahrung zurückkehren. Können wir Kohlensäure zu Kohlenwasserstoff und Alkoholen reduzieren, so sollte es auch möglich sein, ausgehend von unserem gewöhnlichen Alkohol, C_2H_5OH, Nährhefe in großem Stil zu kultivieren und, chemisch getrennt, Fette, Kohlenhydrate und Eiweißstoffe für neue chemische Verbindungen zu verwerten. Damit hätten wir zu einer neuen Form der Synthese von Nahrungsstoffen des Lebens gefunden, außerhalb des Chlorophyllsystems: aus Kohlensäure gebildet, jedoch hier mittels technisch durchgeführter Hydration.

Hat aber jemand bedacht, was das kosten würde? Sollen wir durch Energieverschwendung auf dem Nahrungssektor mit der Landwirtschaft in Wettbewerb treten, so müßten die notwendigen Anlagen so groß sein, daß sie 0,1 bis 0,2 Q jährlich verbrauchen würden! Hier taucht also abermals die Rohstofffrage auf, und früher oder später müssen wir einsehen, daß wir vermutlich genötigt sind, die Lebensmittelproduktion auf landwirtschaftlicher Grundlage und die Fusionsenergie reinlich voneinander zu scheiden; sie ist anderen Sektoren des Wirtschaftslebens vorbehalten.

So sollte es möglich sein, unsere Behausungen durch elektrisches Licht — eine Neuheit! — einigermaßen auf den Standard des 20. Jahrhunderts zu bringen. Wasserleitungen im Inneren der Häuser werden möglicherweise dankbar begrüßt, hingegen bezweifle ich, ob alle vom Gedanken des umweltunfreundlichen Wasserklosetts begeistert sind.

So weit können wir es in der Energiegesellschaft mit ihrem Überschuß an Energie und ihrer Knappheit an Mineralien und Metallen bringen. Die Erdrinde ist allerdings verhältnismässig dick, und möglich ist es natürlich, unsere Minen und Bohrlöcher mit einem großen Aufwand an elektrischer Energie immer weiter vorzutreiben, um neue Vorkommen zu entdecken. Vielleicht haben wir Glück, aber auf die Dauer müssen wir uns nach wie vor auf Magnesium aus Meerwasser als das dominierende Strukturmetall verlassen und auf Titan, denn auch in tieferen Lagerstätten sind die Erz- und Mineralvorkommen beschränkt.

Zuletzt wäre noch eine Frage zu stellen: Wie mobil werden Fusionsgeneratoren sein? Läßt sich ein solcher Generator etwa in einem Schiff von vielen Bruttoregistertonnen einbauen? Das würde für die Ferntransporte viel bedeuten und damit dem Handelsaustausch nützen. Die Beförderung auf kurzen Strecken erfolgt sicher am besten mit flüssigem Brennstoff, beispielsweise Methanol für Kraftwagen, wozu noch elektrisch getriebene Fahrzeuge kommen könnten.

Läßt sich die Energiegesellschaft überhaupt verwirklichen, so handelt es sich bestenfalls um eine Synthese der Agrarwirtschaft als Träger der Gesellschaft und der Industriezentren als Stütze des biologischen Sektors. Eine solche stabile Gesellschaftsentwicklung könnte Millionen Jahre leben.

11. Prognose

Die kurze Übersicht über das, was wir für die Bedingungen des menschlichen Daseins in kommenden Jahrhunderten extrapolieren können, gründet sich auf Tatsachen, die wir *heute* zur Verfügung haben, soweit es sich um das Bevölkerungsproblem und den Umfang der zugänglichen Vorkommen von fossiler Kohle und anderer Stoffe von industriellem Wert — hauptsächlich Metalle — handelt. Diese Fakten sind es, die als Grundlage für Berechnungen des Verbrauchs und der Situation des Menschen bei Übervölkerung dienen.

Wie in den vorhergehenden Kapiteln gezeigt wurde, ist die Prognose für das Weiterbestehen der heutigen Gesellschaft recht düster. Vielleicht ist sie allzu pessimistisch gefärbt, aber ich habe hier bewußt einen übertrieben optimistischen Glauben an das, was Wissenschaft und Technik in den nächsten Jahrhunderten leisten können, beiseite gelassen. Es ist besser, den ungeheuren Problemkomplex um das Leben und die Überlebensmöglichkeiten des Menschen auf lange Sicht realistisch zu betrachten, als in der heutigen Lage mit Patentlösungen zu kommen, die es erlauben sollen, während einer kurzen Gnadenfrist um jeden Preis den Status quo zu bewahren.

Vielleicht wundern sich manche meiner Leser, daß ein so ausgesprochen technisches Phänomen wie die Atombombe bisher gar nicht berührt worden ist. Meine persönliche Meinung hierzu ist, daß bewaffnete Konflikte, die zum Einsatz von Atombomben führen könnten, wenn überhaupt, vor dem Jahr 2000 ausbrechen würden. Nach diesem Zeitpunkt dürfte die Aussicht auf eine Übervölkerung mit mehr Schrecken verbunden sein als die punktweise Ausradierung von Industrieorten. Man sollte auch daran denken, daß ein Atomkrieg vom Standpunkt der in den Konflikt verwickelten Mächte ja zu irgend etwas führen muß — zu einer Invasion oder einer Machtübernahme. Betrachtet man die Lage in Ost- und Südostasien, so hat man kaum den Eindruck, daß beispielsweise das bereits übervölkerte China Lust verspüren würde, die Bevölkerungsprobleme in Indien, Vietnam und Indonesien auf sich zu nehmen. Es sind das wahrlich keine Regionen, die zu einer Invasion verlocken.

Eher schon bietet sich Ostsibirien als spärlich besiedelte Zone für eine chinesische Invasion an. In diesem Fall würde es sich also um einen chinesisch-russischen Konflikt handeln, doch die beiden Giganten, China und die Sowjetunion, sind vollauf damit beschäftigt, eine gutorganisierte Gesellschaft aufzubauen. Ein Krieg würde das derzeitige Aufbautempo nur drosseln. Für China gilt es, seine enormen Menschenmassen — um das Jahr 2000 rund gerechnet eine Milliarde — zu organisieren und eine Industrie aufzubauen, und für die Sowjetunion ist Sibirien ein internes Entwicklungsland mit einem großen Potential an Energie und Mineralien. Keiner der beiden hätte in einem Atomkrieg etwas zu gewinnen, wobei festgestellt werden muß, daß China weniger verletzbar ist: Ein Verlust von zwei Millionen Menschenleben wäre im Laufe von zwei Jahren wieder wettgemacht!

Die Gefahr eines russisch-amerikanischen Konfliktes ist ebenfalls nicht akut. Auch da ist es keineswegs so, daß die an Stärke ebenbürtigen Mächte ein brennendes Interesse daran hätten, New York und Philadelphia beziehungsweise Moskau und Leningrad vom Erdboden zu tilgen. Ein «Sieg» in einem solchen Krieg könnte unmöglich zu einer wirklichen Besetzung und Masseninvasion in den betreffenden Gebieten führen, das wäre einfach ein undurchführbares Projekt. So wie die Lage heute ist und bis zum Jahr 2000 sein wird, hätte keiner der beiden etwas durch massive gegenseitige Bombenangriffe zu gewinnen. Nach diesem Zeitpunkt aber stehen ganz andere Probleme im Vordergrund.

Bei unserer Analyse der Zustände im 21. Jahrhundert müssen wir davon ausgehen, daß die Erdbevölkerung, die im Jahre 2000 mit Sicherheit auf 7,5 Milliarden angewachsen ist, trotz großzügiger Bemühungen um eine sinnvolle Familienplanung noch weiter zunehmen wird. «Großzügig» will in diesem Zusammenhang heißen, daß unsere Anstrengungen, die Bevölkerungskurve in eine andere Richtung zu lenken, mindestens verhundertfacht werden müssen. Experten rechnen mit 15 Milliarden Menschen um das Jahr 2050. Angesichts solcher Probleme wird die Gefahr der Atombombe zu einem unwesentlichen Faktor, den hier einzubeziehen sinnlos wäre.

Es ist eine offene Frage, ob und wie die Industrieländer mit einer Gesamtbevölkerung von knapp einer Milliarde fertigwerden. Sehen wir uns zunächst die Lebensmittelversorgung an. Die Produktion von Nahrungsmitteln muß auf längere Sicht darauf abgestellt werden, den Eigenbedarf zu decken, da die Einfuhr von Lebensmitteln gänzlich entfällt. Ein spartanischer Haushalt — mit anderen Worten: Rationierung — sollte in gewissem Umfang die Ausfuhr lebenswichtiger Güter in die in naher Zukunft vom Hungertod bedrohten Gebiete ermöglichen, also nach Indien, Indonesien, Zentralafrika und in manche Teile Südamerikas. Letztlich ist es allerdings unwahrscheinlich, daß die Bevölkerungen und Regierungen der USA, Westeuropas und der Sowjetunion eine weitere Verknappung ohnehin schwer erhältlicher Waren akzeptieren würden. Idealismus in allen Ehren, ich aber neige eher dazu, mit einer strengen Autarkie in den betroffenen Industrieländern zu rechnen.

In der Welt der Industrieländer um das Jahr 2000 ist sich jeder Mensch mit etwas Weitblick darüber im klaren, daß die Rationierung in absehbarer Zeit nicht aufhören wird. Die Tage der Luxusproduktion sind, wenn wir uns dem Jahr 2100 nähern, unwiederbringlich vorbei.

Zu diesem Zeitpunkt ist die Sowjetunion mit Sibirien sicherlich am günstigsten unter den Industrieländern gestellt. Hier gibt es eigene Vorkommen von fossiler Kohle, hauptsächlich Steinkohle, ferner eine Fülle von Mineralien und ein immer engmaschigeres Stromnetz, dazu Felder und Wälder, die eine Bevölkerung von 300 Millionen oder mehr eine Zeitlang ernähren können, selbst wenn eine Weltkrise das ganze Gebiet isolieren sollte.

Die USA sind auf längere Sicht schlechter dran. Dort ist, auch wenn der Lebensstandard stark gesenkt wird, ein beträchtlicher Zuschuß an Energie unbedingt erforderlich. Einzelne technisch wichtige Mineralien, wie Vanadin, Molybdän und Mangan, fehlen im Land selbst, sie müssen von draußen eingeführt werden. Aber von wo, könnte man fragen. Die größten Manganvorkommen liegen in Indien und Afrika, Vanadin gibt es in Peru, Kupfer und Molybdän in Chile. Ein Handelsaustausch im Zeichen des großen Hungers ist jedoch mehr als problematisch.

In Westeuropa wird Knappheit herrschen. Es fragt sich, ob Öl, Kohle und Energie noch für hundert Jahre reichen. Die Lebensmittelproduktion ist so niedrig, daß schon vor dem Jahr 2000 mit Rationierungen gerechnet werden muß, und die Zukunftsprognose ist, gelinde gesagt, düster.

Australien und Neuseeland, mit — heute — etwa fünfzehn Millionen Einwohnern, gehören eigentlich nicht in den Rahmen dieser Diskussion. Es ist praktisch gleichgültig, welchen Lebensstandard diese Gebiete haben. Auf jeden Fall sind sie nicht überbevölkert. Es wäre denkbar, daß Australien und Neuseeland imstande sind, einen so hohen industriellen Standard zu bewahren, daß Forschung und Wissenschaft hier für lange Zeit, ja bis in die Ära, die wir Agrarzeit genannt haben, ein Asyl finden können.

Ich habe darauf verzichtet, ein Schreckensbild der Zeit zu malen, die unvermeidlich kommen muß, wenn sich die Erdbevölkerung auf wenige Milliarden, möglicherweise fünf, einpendeln soll. Es genügt, darauf hinzuweisen, daß zehn Milliarden Menschen oder mehr vorzeitig vom Schauplatz abtreten müssen. Ob das schnell oder langsam, in Jahrzehnten oder Jahrhunderten geschieht, vermag niemand zu sagen. Nur die unheimliche Gewißheit bleibt zurück: Zu irgendeinem Zeitpunkt gibt es endgültig keinerlei Möglichkeit, selbst die kalorienärmste Nahrung für die ungeheuren Bevölkerungsmassen zu beschaffen, die im Zeichen der Hoffnungslosigkeit dem Hungertod entgegengehen.

Um das Jahr 2000 nähern wir uns in raschem Tempo dem Zeitpunkt, zu dem der Verbrauch an fossiler Kohle für Energieerzeugung das Niveau 60 bis 100 · 10^{12} kWh jährlich überschreitet. Danach muß früher oder später ein Rückgang erfolgen. In der Fachliteratur schwanken die Zahlenangaben für die Vorkommen von Öl und Erdgas, doch deutet alles darauf hin, daß die Vorräte an Öl und Erdgas selbst beim heutigen Verbrauch in hundert Jahren erschöpft sein werden. Oder spätestens im Jahre 2100. Im Laufe des 21. Jahrhunderts muß die Industrie sich rechtzeitig auf Kohle zur Energieerzeugung umstellen. Möglicherweise wird man die Umwandlung von Kohle in Kohlenwasserstoff vorziehen, aus dem einfachen Grund, weil die meisten Energie erzeugenden Maschinen, sowohl die stationären wie die mobilen, für den Betrieb mit Öl, Benzin, Petroleum oder Dieselöl gebaut sind. Jedenfalls wird die Steinkohle als Energieträger Öl und Erdgas lange Zeit überdauern. Wie lange noch, darüber sind sich auch die Experten nicht einig. Manche meinen, bei der Verbrennung von achtzig Prozent der Vorräte würde die Kohle 300 bis 400 Jahre reichen, bei ständiger maximaler Ausnützung vielleicht nur 100 bis 300 Jahre, während andere beim heutigen Verbrauch eine Frist von 800 Jahren geben.

Ob die letztgenannte Ziffer zu hoch gegriffen ist, spielt im Grunde keine Rolle, denn fossile Kohle ist und bleibt eine Verbrauchsware, und die Lager werden im Laufe der 800 Jahre ja nicht erneuert. Der derzeitige Jahresverbrauch an Kohle entspricht einer Fossilisationszeit organischen Kohlenmaterials von 200 000 bis 400 000 Jahren!

Wie die Kohlenvorräte unter Tag werden auch die Mineralvorkommen, die wertvolle Industriemetalle enthalten, in Zeiträumen erschöpft sein, die auf wenige hundert Jahre zu veranschlagen sind. Besorgniserregend ist namentlich, daß gute Elektrizitätsleiter wie Kupfer und Zink schon in zweihundert Jahren zu den Luxusmetallen gehören werden.

Was das für den elektrotechnischen Sektor bedeutet, liegt auf der Hand. Mit Uran ist es in 300 Jahren vorbei, und damit ist auch das sorgenvolle Dasein der Uranreaktoren zu Ende. Eisen dürfte wohl am längsten halten, auch wenn wir allmählich gezwungen wären, Minerale mit einem Eisengehalt unter zwanzig Prozent zu bearbeiten — etwa Basalt, der nur acht Prozent Eisen enthält. Will man optimistisch sein, so kann man noch 800 Jahre mit einer Eisen- und Stahlherstellung rechnen, wobei nicht vergessen werden darf, daß die Gewinnung von einer Tonne Eisen 1,5 Tonnen Kohle erfordert. Man muß abwägen, wieviel Steinkohle in Form von Koks künftig für die Erzeugung von Eisen und Stahl aufzuwenden wäre. Je mehr Eisen und Stahl, desto weniger Kohle für die Energieproduktion und anderes. Das gilt heute und — beim derzeitigen Stand der Technik — für die kommenden Jahrhunderte.

Eine moderne Industrie von den gigantischen Ausmaßen unserer heutigen muß in 200 bis 400 Jahren so gut wie abgeschrieben werden. Minerale und fossile Kohle wachsen nicht im Lauf von Jahrhunderten nach. Im 8. Kapitel habe ich in einem Denkexperiment die Bevölkerung künftiger Tage in eine rein ländliche Umgebung versetzt, wo es zwar eine Industrie gibt, jedoch in einem Umfang von nur einem Prozent heutiger Größenordnung, und wo nur minderwertiges Eisenerz und Holzkohle als Rohstoffe für die Herstellung von Gebrauchsgegenständen zur Verfügung stehen.

Das einzige, was dem Homo sapiens ein Überleben auf lange Sicht ermöglichen kann, ist aber zweifellos die Land- und Forstwirtschaft. So banal das auch klingt, es ist der reinste Realismus. Als Ackerbauer und Waldmensch kann der Mensch eine nicht überschaubare Anzahl von Jahrmillionen überleben und dabei ein mehr oder weniger gesichertes Dasein führen. Die bescheidene Industrie muß wie im Mittelalter mit Holz als Energie- und Rohstoffquelle arbeiten. In geringem Ausmaß kann eine solche Industrie, auch wenn das Eisen zur Neige geht, manche Typen von Kunststoff sowie einfache Gebrauchsgegenstände herstellen. Eine Zement- und Glasherstellung wäre denkbar, doch wird der Mangel an Metallen große Anforderungen an die Erfindungsgabe stellen, wenn es schließlich darum geht, aus Steinen brauchbare Werkzeuge zum Schlagen und zur Bearbeitung des Holzes zu formen. Auf ganz lange Sicht zeichnet sich die Gesellschaftsform des Homo sapiens recht einseitig ab: als eine Art *mittelalterlicher Agrargesellschaft*. Es ist eine Zeit der Autarkie. Man ist ganz auf sich selbst gestellt, und nur ein Minimum des einstigen technischen Wissens wird in den verstreuten Industriestätten, die zugleich Zentren der Wissenschaft und Kultur sind, angewendet.

Falls — ich unterstreiche dieses Wort — die Idee der Fusionsenergie im Laufe des nächsten Jahrhunderts verwirklicht werden kann, sollte es möglich sein, die Land- und Forstwirtschaft durch eine auf Elektrizität beruhende Mechanisierung zu aktivieren. Die Gewinnung von Metallen wie Magnesium — aus Meerwasser — und Titan könnte in einem größeren Maßstab betrieben werden. Ungeachtet noch so drängender äußerer Umstände hängt alles davon ab, ob wir in Zukunft mit einer hinreichend entwickelten Technologie und einem technologischen Erbe rechnen können, damit die Fusionsenergie — falls sie funktioniert — auch wirklich in großem Stil genutzt werden kann.

Ist das der Fall, so bestehen für die Menschheit auf dieser Ebene gewisse Aussichten, lange Zeit als eine mäßig industrialisierte Agrargesellschaft zu überleben.

Bei dem in Form eines realistischen Denkexperiments unternommenen Versuch, aufgrund der in bezug auf Bevölkerung, Energie und Rohstoffe bestehenden Trends ein wirklichkeitsnahes Zukunftsbild zu skizzieren, muß einem auffallen, wie viele Mühen und Leiden in kommenden Jahrhunderten vermeidbar wären.

Es ist nicht notwendig, Bevölkerungszunahme, Energieverbrauch und Raubbau an Metallen so weit zu treiben, daß Hunger und weltweite Verarmung katastrophalste Formen annehmen, wie ich es zu schildern versucht habe. Es ist nicht notwendig, der kommenden Entwicklung in tatenloser Einfalt entgegenzugehen und ohne Rücksicht auf die Zukunft weiterzumachen. Das drohende Zwischenspiel in Moll muß nicht stattfinden, es braucht nicht so erschreckende Formen anzunehmen wie hier geschildert, wenn wir *schon jetzt* gewisse Maßnahmen ergreifen, und zwar auf weltweiter Ebene. Solche Maßnahmen würden die Lage in den allernächsten Jahrhunderten entschärfen, und wir könnten mit einem sanfteren Übergang vom heutigen hektischen Industrialismus zur unvermeidlichen Wirklichkeit rechnen: zur Agrargesellschaft der Zukunft. Es geht dabei um Leben und Tod, es geht um die Gestaltung der Lebensformen in kommenden Jahrhunderten, und dennoch kann man bei einem Programm, das gegen den Massentod und für das Überleben kämpfen will, keineswegs mit allgemeiner Zustimmung rechnen.

Es ist vorauszusehen, daß im Namen des nationalen Prestiges zahllose Regierungen und unzählige einfache Bürger gegen die folgenden Punkte protestieren werden, die doch nur den Zweck haben, die Zukunft zu gewinnen.

1. Mit sofortiger Wirkung sind die Vorräte an fossiler Kohle und namentlich an flüssigem Brennstoff im Weltmaßstab zu rationieren. Die Energieerzeugung darf vorerst den Stand des Jahres 1970 nicht überschreiten. Jeglicher von flüssigem Brennstoff abhängige Verkehr ist drastisch einzuschränken, sofern er nicht für die Land- und Forstwirtschaft und für den Ferntransport von Rohstoffen und Gütern notwendig ist. Auch der Stromverbrauch ist weitgehend zu rationieren.

2. Für den Umweltschutz und gegen die Umweltzerstörung sind unverzüglich wirksame Maßnahmen zu ergreifen.

3. Die Herstellung entbehrlicher Güter, vor allem reiner Luxuswaren, ist augenblicklich einzustellen. Hierzu gehört auch Kriegsmaterial aller Art.

4. In den Industrieländern sind sämtliche Nahrungsmittel mit sofortiger Wirkung zu rationieren. Die Einfuhr von Lebensmitteln aus den Entwicklungsländern ist auf ein Mindestmaß zu beschränken. Das Hauptgewicht ist im Weltmaßstab auf eine Aktivierung von Land- und Forstwirtschaft zu legen.

5. Ab sofort sind gebrauchte Metallgegenstände aller Art zum Zwecke der Wiederverwertung aufzubewahren und abzuliefern.

6. Forschung: Die Forschung zur Entwicklung der Fusionsenergie sowie der biologische Sektor, vor allem die auf klare Vorhaben ausgerichtete Genetik, erhalten den Vorrang. Ferner sollen die ökologische Forschung mit unmittelbar praktischen Zielsetzungen sowie die holzchemische Forschung im Vordergrund stehen.

7. Ein neuzugründendes internationales Gremium soll die Durchführung und Einhaltung der ersten sechs Punkte überwachen oder zumindest beobachten. Dieses Gremium hat mit Hilfe der Massenmedien die Erdbevölkerung laufend über die Energie- und Mineralreserven, die Entwicklung der Forschung und nicht zuletzt über den Stand der Bevölkerung zu informieren. Zweck dieser Maßnahme ist es, jeden einzelnen weitestgehend über die Weltsituation zu unterrichten.

Ich bin mir völlig klar darüber, daß dieser Aufruf in den Kreisen derer, die heute die Verantwortung für die Zukunft der Menschheit tragen, schwerlich ernst genommen werden wird. Wahrscheinlich gibt es ganz wenige in führender Position, die begreifen, daß das, was wir *jetzt* tun — oder tun können —, sich unmittelbar auf die Entwicklung während der nächsten hundert Jahre auswirken muß.

Unsere Anstrengungen heute, morgen und bis zum Ende des 20. Jahrhunderts müssen darauf gerichtet sein, Zeit zu gewinnen. Zeit, damit die Bevölkerungskurve ihre Richtung ändert, Zeit, damit die Industrie sich ganz allmählich einer Lage anpassen kann, in der — das wissen wir schon heute — die fossilen Brennstoffe zur Neige gehen und der Metallmangel traurige Realität wird.

Wir verlangen nicht mehr als eine kurze Schonzeit für unseren Planeten, mit dessen Schätzen so hemmungsloser Raubbau getrieben wird, da unsere technische Leistung sonst völlig verfällt oder binnen zwei-, dreihundert Jahren zumindest in ihrer organisierten Form einfach erlischt. Gehen wir aber schonungsvoll zu Werk, so können wir — wenn auch gleichsam auf «Sparflamme» — die schwere Zeit überleben, die unweigerlich kommt, wenn die Bevölkerungsziffer einem Höhepunkt entgegengeht und erst dann wieder sinkt. Nur so können wir der Menschheit all das Grauen ersparen, das eine sich auflösende Gesellschaft bei ihrem Rückfall in die Steinzeit überkommen müßte, nur so können wir den kaum zu bewältigenden Wiederaufbauproblemen entgehen, mit denen wir sonst konfrontiert würden.

Bei vernünftiger Einschätzung der Lage sollten wir imstande sein, in den nächsten Jahrhunderten überflüssige soziale Erschütterungen zu vermeiden.

Irgendwie werden wir dann zumindest überleben, und am Horizont zeichnet sich ein kleiner Hoffnungsschimmer ab: Vielleicht wird der Aufbau der kommenden Gesellschaft im Zeichen der Agrikultur uns für lange Zeit die Sicherheit geben können, die wir schon heute so sehr brauchen.

Als Auftakt zu diesem Buch zeigten wir in einem Diagramm eine Kurve, die sich einsam gegen den Horizont abhebt. Sie sollte den kurzen Zeitraum veranschaulichen, in dem der Mensch mit all seiner technischen Begabung so verschwenderisch mit Energie aus fossiler Kohle umgegangen ist. Diese Kurve, die so viele hochfliegende Pläne, so viel Können, so viele Hoffnungen, aber auch Schwierigkeiten und Notsituationen einschließt, wollen wir uns noch einmal vergegenwärtigen. Wir lesen an ihren Konturen eine unbekümmerte Vergeudung von Naturreichtümern ab — und zur gleichen Zeit den jähen Abstieg vom Gipfelpunkt, das Absinken auf ein Niveau, wo die Mondreisen früherer Zeiten nur noch ein Traum sind und ein ganz gewöhnliches Fahrrad die Expansionskraft des Menschen über alle Hindernisse hinweg versinnbildlicht.

Betrachten wir nochmals das Diagramm.

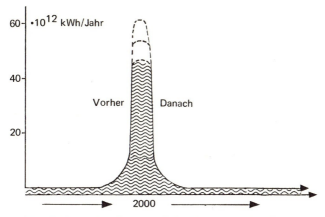

Fig. 7. Das gleiche Symbolschema wie in Fig. 1.

Die nach rechts weisenden Pfeile deuten die Hoffnung an, daß der Mensch nach einer kurzen Energievergeudung von unfaßbarem Umfang in tausend Jahren noch immer als ein zivilisiertes Wesen mit einem gewissen Grad von Kultur existiert.

Der schmale Zwischenraum zwischen den Doppellinien auf der rechten Seite des Diagramms deutet an, daß der Mensch in einer fernen Zukunft noch immer existiert und daß er am Leben bleiben kann, solange biologisches Zellenmaterial unter einer freundlichen Sonne, 1200 Q jährlich, immer wieder, Jahr für Jahr, neu gebildet wird. Der kleine Kurvengipfel birgt in seiner einsamen Höhe viel Phantasie und viele große Taten! Er bezeichnet die Zeit, da der Mensch von fernen Welten im Universum träumte und auf dem Mond und auf dem Mars landete. Es war auch die Zeit des großen Hungers, eine Zeit der Unruhe, des Hasses und der Verzweiflung.

An dieser Stelle können wir uns fragen, ob es im Universum entsprechende Entwicklungen von biologischem Leben geben mag. *Hängt das Entstehen vernunftbegabter Wesen mit hohem technischem Niveau irgendwie mit dem riesigen Verbrauch von Energie während einer kosmischen Zeitsekunde zusammen?*

Wir haben Milliarden von Jahren hinter uns, in denen Organismen lebten und starben, von denen ein winziger Teil versank und fossilierte. Als sich der Mensch zum Homo sapiens von heute entwickelte, besaß das Menschengeschlecht einen gewaltigen Vorrat an fossiliertem Leben, Schicht auf Schicht in den Sedimentformationen der Erdoberfläche. Hätte der Mensch ohne die Mittel dieses Energiekapitals nach den Sternen greifen können? Ist eine solche Entwicklung symptomatisch für andere denkende Wesen auf anderen Planeten? Haben sie eine Periode hektischen Aufwands an fossiler Kohle, Phantasie und technischem Können erlebt — oder werden sie vielleicht eine solche Zeit erleben? Werden sie imstande sein, Fragen zu stellen?

Vielleicht haben wir es hier mit einer Art Naturgesetz zu tun, das nur eine kurze Sekunde des Wachseins für eine kosmische Verständigung mit anderen Formen denkenden Lebens zuläßt. Vielleicht gibt es, Lichtjahre entfernt, jemanden, der einen Kurvengipfel auf einer Ebene extrapoliert und sich völlig klar darüber ist, wie kurz die Hochblüte denkender Organismen währt. Wann immer im Universum denkende Wesen entstanden, ging dem vielleicht eine lange biologische Entwicklung voran samt Prozessen, die zur Bildung fossiler Kohlenverbindungen und anderer Stoffe führten. Allmählich werden diese von Wesen, die mit Intuition und schöpferischer Phantasie begabt sind, genutzt und — für eine kurze Zeit — in Energie und eine explosive technische Entwicklung umgesetzt.

Es ist denkbar, daß die Kurzlebigkeit des Kurvengipfels, der auch uns mit einschließt, an sich und in diesem Augenblick voll kosmischer Schönheit ist. Darin mag immerhin ein Gedanke liegen. Auf jeden Fall werden wir reichlich Zeit haben, über diese Dinge nachzugrübeln, wenn wir in Zukunft unser bescheidenes Gärtlein bestellen.

12. Blick in die Zukunft

Beim Versuch, von einer gegebenen Situation aus den Stand der Dinge in naher oder ferner Zukunft vorauszusehen, gehen wir von einer Analyse der Tendenz, des Verlaufs von Kurven aus, die wir auf Grund der Schwankungen einiger besonderer Faktoren innerhalb eines bestimmten Zeitraums, beispielsweise 1900 bis 1970, aufzeichnen können. Es ist möglich, die Kurven und ihr gegenseitiges Verhältnis auch für eine gewisse Zeitspanne in der Zukunft zu verfolgen, so daß wir den Stand zu verschiedenen Zeitpunkten, etwa 1980, 2000, 2050, ablesen können.

Solche Berechnungen enthalten selbstredend Unsicherheitsfaktoren, namentlich wenn es sich um lange und ferne Zeiträume handelt. Die Prognosenspezialisten bemühen sich jedoch, ihre Kalkulationen möglichst weitgehend auf eindeutige Tatsachen in der Anfangsphase zu basieren, und wenn viele Kurven und Faktoren zu berücksichtigen sind, so müssen die Anfangsdaten in eine vernünftige mathematische Beziehung zueinander gesetzt werden. Solche Berechnungen sind häufig äußerst kompliziert.

Für die Entwicklung unserer Gesellschaft nach 1970 können wir indessen aus den Kurven für den

Verbrauch an fossilem Brennstoff und Metallen im Zeitraum 1900 bis 1970 klare Tendenzen herauslesen. Wir wissen mit ziemlicher Genauigkeit, welche Reserven an Naturreichtümern in jedem Dezennium dieses Zeitraums vorhanden waren, so daß wir für 1980, 1990 und die folgenden Jahrzehnte recht plausible Berechnungen vornehmen können — unter der Voraussetzung freilich, daß unsere Kurven jahrelang die gleiche Tendenz zeigen. Sobald wir ein bestimmtes kritisches Stadium erreicht haben, in dem die Lager zu versiegen beginnen, ändert die Kurve für den Verbrauch von Kohle dadurch automatisch ihre Richtung, wird flacher und führt dann abwärts. Ebenso verhält es sich mit dem Bevölkerungszuwachs: Hier verfügen wir über eindeutige Daten für die Entwicklung von 1900 bis 1970, und eine obere Grenze bildet das Minimum an bestellbarem Boden pro Individuum, das nicht unterschritten werden kann. Wir sind in der Lage, annähernd genau zu berechnen, daß dieser kritische Punkt im Laufe von einhundert Jahren erreicht sein wird. Ergreifen wir angesichts der Bevölkerungszunahme nicht schon jetzt drastische Maßnahmen, so muß die Kurve für die Bevölkerungsdichte die Richtung ändern und in einer solchen Höhe abflachen, daß sie dann jäh nach unten geht.

Wir können ferner die Beziehung zwischen einer zunehmenden Industrialisierung und dem steigenden Verbrauch unserer Naturreserven verfolgen und dabei die Relation von Industrialisierung und

Umweltzerstörung in einer Kurve ab heutigem Stand angeben, *falls keine Maßnahmen ergriffen werden.* Das gleiche gilt für die Wechselwirkung zwischen dem Lebensstandard der Industrieländer und den Abfallprodukten des modernen Lebens, einschließlich WC und einem hohen Verbrauch an Verpackungsmaterial und Luxuserzeugnissen. Wir vermögen sogar die Tendenz in der sinkenden Kurve für landwirtschaftliches Nutzland als Ergebnis der entsprechenden Enteignung von Landwirtschaftsareal für großstädtische Besiedlung und Industrialisierung festzustellen.

Alle diese Kurven mit den ihnen eigenen Tendenzen und all die Beziehungen der Kurven untereinander müssen dann zu einem Ganzen zusammengefügt werden. Auf der Grundlage der jetzigen Tendenzen und gewisser kritischer Faktoren, die sozusagen feste Gegebenheiten sind, beispielsweise die Berechnung unserer Vorräte an fossilem Brennstoff und Mineralien sowie der Höchstanzahl von Menschen, die die Nutzfläche der Erde ernähren kann, läßt sich der künftige Kurvenverlauf ahnen. Aus der Synthese der Tendenzen können wir Kurzprognosen stellen, aber auch – in großen Zügen – die Entwicklung auf lange Sicht herauslesen.

Oft ist es verhältnismäßig leicht, eindeutig logische Resultate vorauszusehen, die nichts damit zu tun haben, wie wir die Entwicklung heute oder in naher Zukunft anpacken. Daß beispielsweise die Landwirtschaft früher oder später die einzige Grundlage der menschlichen Gesellschaft sein muß, ist eine logische Folge der unvermeidlichen Tatsache, daß sich die heutige überindustrialisierte Gesellschaft weitgehend auf Energie und Stoffe aus fossiler Kohle stützt und daß diese Rohstoffe früher oder später zu Ende gehen müssen. Schwieriger ist es, in Einzelheiten vorauszusehen, in welcher Weise etwa die zunehmende Industrialisierung mit der sie begleitenden verschärften Umweltzerstörung auf die Bevölkerungskurve im nächsten Jahrhundert einwirken wird und wie diese Relationen sich ändern würden, wenn wir schon im Dezennium 1970 bis 1980 die Industrieinvestitionen um fünfundzwanzig Prozent vermindern würden. Die Folgen solcher Berichtigungen von Ausgangsdaten sind deshalb schwer zu berechnen, weil außer den Grunddaten, die sich auf die heutige Lage beziehen, noch zahlreiche Faktoren als künftiges Überraschungsmoment hinzukommen.

Ich berühre diesen Problemkomplex, mit dem man sich an vielen Orten beschäftigt, um energisch zu unterstreichen, daß es sich dabei um einen ernsthaften wissenschaftlichen Versuch zur Erhellung der Zukunft handelt und keineswegs um ein phantasievolles Spiel mit einem Anstrich von Sciencefiction. Daß verschiedene Forscher zu verschiedenen Schlußfolgerungen für die nächste Zukunft kommen können, ist selbstverständlich, beispielsweise messen nicht alle der gleichen Kurventwicklung die gleiche Bedeutung bei. Manche mögen die Umweltzerstörung für bedeutungsvoller halten als das Tempo, in dem die natürlichen Ressourcen aufgebraucht werden, und umgekehrt. Indessen sind wir in der Lage, bei dieser Arbeit gewisse gemeinsame Nenner festzuhalten, und eben das ist das Ergebnis einer vergleichenden Analyse der verschiedenen Prognosen, die dem zugrunde liegen, was ich in diesem Buch darzustellen versucht habe. Daß ich mich gelegentlich darauf eingelassen habe, das Leben und die Lebensweise in einzelnen Abschnitten der Zukunft zu skizzieren, ist als Illustration zu betrachten.

Während die ersten elf Kapitel geschrieben wurden (Mai bis Juni 1971), ist ein höchst interessantes Buch erschienen, in dem das gleiche Grundthema aus der Sicht der Datenverarbeitung behandelt wird. Es heißt *World Dynamics,* und sein Autor ist der amerikanische Sozialforscher Jay W. Forrester, Leiter eines großen Forschungsteams am Massachusetts' Institute for Technology, MIT. Das Team hat eine der größten existierenden Datenverarbeitungsanlagen zur Verfügung, und Forrester und seine Mitarbeiter haben die Maschine jahrelang systematisch mit Kurvendaten und -relationen gefüttert, wobei folgenden Grunddaten besonderes Gewicht beigemessen wurde:

1. Bevölkerung und Bevölkerungszunahme
2. Kapitalinvestitionen in *sämtlichen* menschlichen Projekten
3. Naturressourcen und ihre Nutzung
4. Teilinvestitionen in Land- und Forstwirtschaft
5. Umweltzerstörung und ihr Verlauf

Alle diese Grunddaten und ihre Tendenzen in Plus- oder Minusrichtung sind von Forrester und seiner Gruppe dem Computer als Ausgangsdaten eingegeben worden, wobei die Abhängigkeit sämtlicher Faktoren von allen anderen, einzeln und in Gruppen, auf dem Umweg über ein kompliziertes Netz mathematischer Gleichungen behandelt wird, die von der Maschine berechnet werden sollen. Die Maschine erhält dadurch den Befehl, die Tendenzen an allen Fronten bis zum Jahre 2100 zu extrapolieren, vorauszusehen.

Das ungemein Interessante ist, daß die Maschine eine Serie von Kurven zeichnet, die im großen und ganzen eine Fortsetzung der Tendenzen des Zeitraums 1900 bis 1970 bis zum Jahr 2000 darstellen. Zu diesem Zeitpunkt beginnen Störungen im Kurvenverlauf aufzutreten, die für den Zeitabschnitt 2020 bis 2060 wilde Schwankungen ergeben. Die Maschine sieht für diese Periode ein erschreckend jähes Absinken der Erdbevölkerung auf den Stand von 1900 bis 1920 — zwischen 1,5 und 2 Milliarden — voraus. Gleichzeitig erreicht die Kurve für die Umweltzerstörung einen äußerst markanten Höhepunkt, mit dem Jahr 2040 als Klimax. Vor diesem Gipfelpunkt erklimmt die Kurve für die Industrialisierung ihr Maximum, das einer Verdreifachung des heutigen Standes entspricht. Nach der Periode 2030 bis 2060, in der die Sterblichkeit ebenfalls einen Höhepunkt, und zwar das Dreifache der heutigen Sterbeziffer, erreicht, erwartet die Maschine eine Serie kleinerer Schwankungen, wobei die Kurve für den durchschnittlichen Lebensstandard die deutliche Tendenz zu einem schnellen Absinken auf einen wesentlich niedrigeren Stand als den heutigen zeigt. Dies entspricht der Epoche, die in den Kapiteln 5 und 6 «Zwischenspiel in Moll» genannt wurde. Die Zeit der großen Hungersnot ist auf den Anfang des 22. Jahrhunderts verlegt.

Die Maschine stellt mit anderen Worten eine klare Prognose für eine grauenvolle, wenn auch vorübergehende Zeit des Leidens und der Auflösung um das Jahr 2050 und die unmittelbar darauf folgenden Dezennien. Sie zeigt auch ganz deutlich, daß das Jahrzehnt 1950 bis 1960 das Goldene Zeitalter der Menschheit war und daß wir uns nie wieder eines so allgemein hohen Lebensstandards erfreuen werden, ohne Rücksicht darauf, wie er auf Industrie- und auf Entwicklungsländer verteilt war. Die Forscher am MIT, die mit dem großen Computer gearbeitet haben, sind sich völlig klar darüber, daß die Maschine nur eine automatische Prognose stellt — aufgrund der eingespeisten Fakten und der mit Kopf erarbeiteten gegenseitigen Beziehungen von Tatsachen und Tendenzen als Steuerdaten. Die Aufstellung dieser Beziehungen, etwa zwischen Bevölkerungszuwachs und Umweltzerstörung, kann natürlich mit gewissen systematischen Fehlern behaftet sein. Es ist jedoch eine Tatsache, daß die Maschine, auch wenn die Ausgangsdaten um plus-minus zehn Prozent variiert werden, hartnäckig am Zeitraum 2020 bis 2060 als der Epoche mit den größten sozialen Gleichgewichtsstörungen festhält, die die Welt jemals erlebt hat.

Was besonders überraschte, war der enorme Anstieg der Naturzerstörungskurve in der genannten Periode. Die Forscher haben daher versucht, die Grunddaten ab 1970 systematisch mit programmierten Maßnahmen in Plus- oder Minusrichtung zu justieren. Man vermindert etwa die Kurventendenz für den Verbrauch an fossilem Brennstoff ab 1970 um so und so viel Prozent und ändert gleichzeitig die Bevölkerungszunahme. Die Maschine antwortet im allgemeinen mit fluktuierenden Kurven, die auf eine Gleichgewichtsstörung im Zeitraum 2050 bis 2100 hindeuten. Justiert man aber geduldig *sämtliche* Ausgangsdaten ab 1970 und in der folgenden Zeit, so kann man die Maschine dazu bringen, für 2050 bis 2100 Kurven mit einer deutlichen Tendenz zur Stabilisierung innerhalb dieses Zeitraums und auf lange Sicht zu zeichnen. Die Maschine gibt also einen Fingerzeig dafür, welche Maßnahmen, *falls sie 1970 in Kraft gesetzt werden,* zu einem sanften Übergang von der überindustrialisierten Gesellschaft zur Agrargesellschaft — die auf lange Sicht eine klare Stabilität aufweist — führen können. Die «Empfehlungen» der Maschine sind des Erwägens wert:

1. Herabgesetzter Verbrauch an Kohle und Metallen um 75 %
2. Herabsetzung des Tempos der Naturzerstörung um 50 %

3. Herabsetzung der Industrieinvestitionen um 40 %
4. Herabsetzung der Lebensmittelerzeugung
um 20 %
5. Herabsetzung der Geburtenzahl um 30 %

Die Punkte 1, 2, 3 und 5 stimmen durchaus mit dem überein, was ich im Aufruf auf Seite 125f als Grundlage für ein globales Programm skizziert habe. Punkt 4 wirkt überraschend, doch liegt die Erklärung wahrscheinlich darin, daß es einer Maschine völlig an Mitgefühl mangelt. Die Lebensmittelerzeugung herabzusetzen ist an sich eine logische Maßnahme, wenn man die Bevölkerungsdichte vermindern will. Der Computer gibt 4 Milliarden als eine stabile Lage an, wobei im übrigen festzustellen ist, daß er gleichzeitig eine vermehrte Investition in der Landwirtschaft um — relativ gesehen — 100 Prozent empfiehlt. Die Maschine ist offenbar zu dem Schluß gekommen, daß 4 Milliarden Menschen bei verdoppelter Investition im Landwirtschaftssektor bei gesenktem Lebensstandard, der dem Durchschnitt des 20. Jahrhunderts entspricht, *auf unbegrenzte Zeit* verhältnismäßig gut und stabil leben können. Der Unterschied ist bloß der, daß die Maschine zynisch mit Menschenleben rechnet, während wir andere Maßstäbe anlegen, wenn es darum geht, die *unumgänglich notwendige* Senkung der Bevölkerungsdichte zu erreichen. Was bleibt, ist jedoch die Schlußfolgerung, daß wir im nächsten Jahrhundert in eine grauenvoll kritische Periode geraten, wenn nicht *jetzt* etwas dagegen unternommen wird. Ich möchte in diesem Zusammenhang darauf aufmerksam machen, daß wir es uns ganz einfach nicht leisten können, noch länger zu zögern, wenn es um weltweite Justierungen des Verbrauchs der Naturreichtümer, der Bevölkerungszunahme, der Umweltzerstörung, der Verminderung der landwirtschaftlichen Nutzfläche und anderer Faktoren geht, die das Leben der gesamten Erdbevölkerung betreffen.

Wir müssen *schon jetzt* eine vernünftige Korrektur der Faktoren vornehmen, die unserem Dasein zugrunde liegen. Unsere Lage läßt sich am Beispiel eines Raumfahrzeugs illustrieren, das eben die Erdbahn auf dem Weg zum Mond, einem fernen Ziel, verlassen hat. Je früher wir auf diesem weiten Weg die richtigen Kurskorrekturen vornehmen können, desto weniger Energie ist dazu erforderlich; werden sie sofort durchgeführt, so ist nur wenig Energie nötig, haben wir aber bereits einen Zehntel des Wegs zurückgelegt, so muß die zehn- bis hundertfache Energiemenge aufgewandt werden. Haben wir bereits den halben Weg zurückgelegt und liegen auf einem falschen Kurs, dann sind wir einfach nicht mehr imstande, die nötige Kraft und Energie aufzubringen, um eine grobe Kursabweichung zu korrigieren: wir sind rettungslos im Weltraum verloren.

Genauso ist es mit den Menschen. Wenn wir schon jetzt, in den siebziger Jahren, zu einer globalen Verständigung über die notwendigen Kurskorrekturen kommen, ist ein weit geringeres Aufgebot an Kraft und Ressourcen erforderlich, als wenn wir den Dingen mit halben Maßnahmen und zufälligem Flickwerk bis zum Jahr 2000 ihren Lauf lassen. Dann müssen die Kraftanstrengungen im Zeichen der Einigkeit nämlich vervielfacht werden, um das Ziel zu erreichen: *einen einigermaßen reibungslosen Übergang von der Industrie- zur Agrargesellschaft, mit einer natürlichen und geplanten Verminderung der Bevölkerungsdichte und ohne Massentod im kritischen Stadium 2050 bis 2100.*

Das ist das nächste Ziel, und es würde sich wahrlich vielfach lohnen, wenn wir uns schon jetzt über schnelle und vernünftige Maßnahmen einigen könnten — über Partei- und Landesgrenzen hinweg. Wozu wären die Vereinten Nationen gut, wenn nicht dazu, einsichtsvolle Vertretung der ganzen Erdbevölkerung zu sein? Hier gilt es, solidarisch Beschlüsse für die Probleme der Menschheit mit Überlegung und Weitblick zu fassen, und nicht aus engstirniger parteipolitischer und egoistisch-nationalistischer Sicht. Ist weltweite Solidarität angesichts der kritischsten Jahre in der Geschichte der Menschheit eine zu hohe Forderung?

Möglich, daß viele den Inhalt dieses Buches nur als erschreckend oder unangenehm empfinden — als eine Art Weltuntergangsprophezeiung. Eine solche Auffassung wäre völlig falsch. Was ich mit meinen begrenzten Mitteln deutlich zu machen versucht habe, ist ganz einfach die Tatsache, daß wir zwei schwierigen Jahrhunderten entgegengehen und danach eine soziale Stabilität erreichen, wie sie der niedrigen, dafür aber beständigen Lebenshaltung des sich selbst versorgenden Landbewohners eigen ist.

Ist es so schrecklich schwer, sich damit abzufinden, daß wir, in den Industrieländern, früher oder später gezwungen sein werden, den Lebensstandard dieser Jahre aufzugeben und wieder ein ganz einfaches Leben in enger Verbundenheit mit Erde und Wald, mit Saat und Ernte, mit Sonne und Regen, bei einem stark beschnittenen industriellen Programm zu führen?

Ist es so erschreckend, sich eine lange und sichere Zukunft für unsere Nachkommen im 21. und 22. Jahrhundert und in der folgenden Zeit zu denken, freilich ohne all das, was zu besitzen uns als soziales Prestige gilt: Fernseher, Waschmaschine, Zentralheizung, Auto, Kunststofferzeugnisse? Ist es so unangenehm, sich unsere Ururenkel hart arbeitend auf dem Acker vorzustellen, wo sie mit dem Recht des Ackerbauern ernten, was sie gesät haben, während andere sich bemühen, aus einer nur spärlich mit Rohstoffen versehenen Industrie möglichst viel herauszuholen? Ist es so schwer, sich darein zu schicken, daß unsere Nachkommen in einer sehr fernen Zukunft den Beweis für den zähen Lebenswillen des Menschen liefern werden, indem sie Jahrhunderte der Not und der harten Arbeit durchhalten, um eine Gesellschaft aufzubauen, die beständig das gleiche Niveau beibehält, ein gewisses Maß echter Kultur besitzt und nicht unter der akuten Drohung einer Katastrophe lebt?

Diese Menschen werden wahrscheinlich aus besserem Holz geschnitzt sein als wir, und in all ihrer Mühsal sehen sie wohl den Schimmer eines sinnvollen Glücks am Horizont. Sind wir imstande, die Fehler zu berichtigen, die wir uns in naiver Begeisterung für die technische und wissenschaftliche Expansion des 20. Jahrhunderts haben zuschulden kommen lassen, dann haben wir auch den Weg für kommende Geschlechter geebnet und können — vielleicht — endlich einen Sinn in unserem unruhigen Dasein sehen. Andernfalls haben unsere späten Nachfahren in bedrängter Lage allen Grund, ihre Vorfahren zu verwünschen, die kurzsichtig die Naturreichtümer der Erde vergeudet, mehr zerstört als aufgebaut haben und in ihrer Verstocktheit unfähig waren, rechtzeitig über Pläne einig zu werden, die eine Katastrophe im 21. Jahrhundert hätten abwenden können.

Literaturhinweise

Die Literatur über das Hauptthema im ersten Abschnitt dieses Buchs ist enorm, dabei ist oft schwer auseinanderzuhalten, was populäre Darstellungen und was fachmännisch-statistische Darlegungen sind. Im letzteren Fall werden die soziologischen, technischen und naturwissenschaftlichen Kenntnisse des Lesers im allgemeinen auf eine harte Probe gestellt. Auffallend ist, daß die meisten erschienenen Übersichten über Bevölkerung, Energie und Rohstoffe diese Fragen bis zu einer Katastrophensituation, aber nicht für die weitere Zukunft behandeln.

Der Begriff Wiederaufbau, begleitet von wirklich durchgearbeiteten Prognosen, ist in der Literatur spärlich vertreten. Ich räume gerne ein, daß es sich um ein schwieriges Thema mit zahllosen Fallgruben handelt, die zum Abirren von einem realistischen Ausblick führen können.

Von modernen Werken, die ein Konzentrat statistisch bearbeiteter, sicherer Daten und Hinweise auf zahlreiche Originalquellen enthalten, möchte ich folgende von mir sehr geschätzten nennen:

The Challenge of Man's Future von Harrison Brown. Viking Press, New York 1954. — Eine ausgezeichnete Arbeit und eine der wenigen, die eine Synthese der weit über die heutige Lage hinausreichenden Zukunft versuchen.

Harvesting the Sun: Photosynthesis in Plant Life. Academic Press, New York und London 1967. — Viele wertvolle Daten.

Resources and Man: Committee on Resources and Man. National Academy of Science, National Research Council. W. H. Freeman and Company, San Francisco 1969. — Analysiert ohne Umschweife die heutige Lage der menschlichen Ökologie und die gegenwärtigen Ressourcen an Energie, Nahrung und Rohstoffen. Die Extrapolationen für die nächsten 100 bis 300 Jahre sind befriedigend vorgenommen. Ein vorzügliches Buch als Ausgangspunkt für weitere Studien.

Population, Resources, Environment: Issues in Human Ecology von Paul E. und Anne H. Ehrlich; W. H. Freeman and Company, San Francisco 1970. — Das Buch, das beim Erscheinen (auch in Europa) sehr gelobt wurde, ist ein wirklich modernes Werk über die ökologische Situation der Menschheit. Die Fragen der Bevölkerung und Bevölkerungszunahme werden mit zahlreichen Hinweisen auf die Originalliteratur behandelt. Befaßt sich außerdem, vielleicht nicht hinreichend, mit Energiequellen und Metallvorräten. Die Autoren, beide Biologen und Spezialisten auf dem Gebiet der

Ökologie, legen das Hauptgewicht auf Umweltprobleme und Naturschutz. In seinem Bereich ist das Buch unübertrefflich.

World Dynamics von Jay W. Forrester. Cambridge, Mass. 1971. — Ein ausgezeichnetes, recht technisches Werk, auf Computerbehandlung der Zukunft bis zum Jahre 2100 konzentriert.

Encyclopedia Britannica, Ausgabe Chicago-London-Toronto 1959.

Encyclopedia of Science and Technology. McGraw-Hill Company 1960. — Als technisches Nachschlagewerk unentbehrlich.

New York Times Encyclopedia Almanac. 1. Band New York 1970. — Mit einer Menge nützlicher moderner Statistik.

Dies sind sozusagen die Standardwerke. Was die chemische und biochemische Speziallitteratur betrifft, bin ich außerstande, hier auf die unzähligen benützten Originalartikel zu verweisen. Dankbarkeit schulde ich meinen Kollegen und Mitarbeitern, die immer wieder Fotokopien von interessanten Artikeln herbeigeschafft haben und in Diskussionen über die Themen dieses Buches mich ständig inspiriert haben. Mein besonderer Dank gilt Hannes und Kerstin Alfvén für viele anregende Debatten.

Das vorliegende Opus ist nichts als der bescheidene Versuch, eine allgemeine Debatte über aktuelle Fragen hervorzurufen, die *jetzt* angepackt werden müssen, wenn wir die künftige Entwicklung einigermassen im Zaum halten wollen. Soll unsere Generation hier, in den Industrieländern, passiver Zuschauer zu dem kommenden Drama sein, wenn die Energie- und Metallquellen der Erde zu versikkern beginnen und die Übervölkerung katastrophale Ausmaße annimmt? Sollte nicht schon jetzt im grundlegenden Unterricht das Studium der Bedingungen für die Menschheit auf lange Sicht eingeführt werden? Es ist notwendig, daß wir aufwachen und der Wirklichkeit in die Augen sehen. Die Zeit der Tagträumerei ist endgültig vorüber.

Anmerkungen

1. Kapitel
Die Frage der Kommunikation zwischen verschiedenen Welten und das Problem der langen oder kurzen Lebensdauer von Zivilisationen sind behandelt in *Vi och De* (Wir und sie), Red. G. Ehrensvärd und J. O. Stenflo, Aldus 1971, Stockholm. Das Hauptthema des 1. Kapitels ist die Frage: Ist eine explosive Entwicklung in der Ausnützung vorhandener Energieressourcen eine unbedingte Voraussetzung für die moderne Technik und Wissenschaft?

Für die Energieeinheit Q haben wir die Relation 1 BTU = $3,84 \cdot 10^{10}$ t Steinkohle bei Verbrennung. 1 t Steinkohle oder 0,67 t Rohöl ergeben bei Verbrennung 7600 kWh in elektrischen Einheiten. 1 Q/Jahr ist somit gleichbedeutend mit $290 \cdot 10^{12}$ kWh(e)/Jahr.

Wir verbrauchen derzeit 0,15 bis 0,2 Q/Jahr, was 44 bis $56 \cdot 10^{12}$ kWh(e)/Jahr entspricht. Die Zahlen sind zwar nur approximativ, aber in der richtigen Größenordnung.

2. Kapitel
Die Zahlen für die Erdbevölkerung:
1770: 0,8 Milliarden

1870: 1,25 Milliarden
1970: 4 Milliarden

Quellen: Enc. Brit., Artikel «Population». — Ehrlich-Ehrlich: *Population, Resources, Environment* 1970. Die Schätzung für 1770 dürfte zu niedrig sein. Ich habe die Zahl für dieses Jahr auf 1 Milliarde aufgerundet.

3. Kapitel

Die Fachleute sind sich einig, daß die Vorkommen von Steinkohle die von Öl und Erdgas überleben werden. Eine noch heute zitierte alte Zahl aus der geologischen Literatur (1914) ist $8 \cdot 10^{12}$ t Kohle, was 210 Q, einem maximalen Wert, entsprechen würde. J. Rydberg *(Svensk Kemisk tidsskrift* 1966) meint, daß sogar 100 Q Steinkohle eine optimistische Annahme ist, insoweit es sich um die praktische Gewinnung handelt. Die Richtwerte, für die ich verantwortlich bin, sind als Kompromiß zwischen mehreren Quellen angegeben.

Ehrlich-Ehrlich sind der Ansicht, daß die Kohle beim derzeitigen (1970) Verbrauch bis zum Jahr 2800 reichen sollte, eine optimistische Schätzung, da wir schon im Jahre 2000 wahrscheinlich die doppelte Menge von 1970 abbauen werden.

Für Metallvorkommen stimmt die Tabelle Ehrlich-Ehrlich ganz gut mit anderen Quellen überein. Dem Eisen wird beim jetzigen Förderungstempo eine Frist von 1000 Jahren gegeben, vermutlich ebenfalls reichlich optimistisch.

4. Kapitel

Die Berechnung der gut bestellbaren Bodenflächen der Erde gründet sich auf Harrison Brown 1954 und die Encyclopedia Britannica. Die Ziffer 10 Prozent ist eine realistische Schätzung. Die Zahlen für Wälder und Forstwirtschaft stammen aus dem Artikel «Forrestry and Lumber» in der Enc. Brit.

Dem Bevölkerungsproblem und seiner Entwicklung liegen die Analysen bei Ehrlich-Ehrlich, S. 46 ff., zugrunde.

Auf ihrem Gipfelpunkt sollte die Bevölkerungskurve 10, maximal 15 Milliarden erreichen, und zwar unabhängig davon, ob die Propaganda für Familienplanung zu Beginn des 21. Jahrhunderts gefruchtet hat oder nicht. Zu den Maßnahmen für eine Stabilisierung, ja möglicherweise einen Rückgang der Bevölkerung gehört der freie Abort, der in Japan eine unhaltbare Bevölkerungszunahme zu einem gewissen Grad aufgehalten hat. Japan muß jedoch als ein Industrieland betrachtet werden. Wie stellt sich die Bevölkerung in einem Entwicklungsland zu Maßnahmen zur Schwangerschaftsverhütung und zum Abort — und wie dringt man zu dieser Bevölkerung durch?

Den Mythen vom Fischreichtum, von der Urbarmachung von Lateritboden und von der Entsalzung des Meerwassers haben Berechnungen auf dem Boden der Wirklichkeit den Glorienschein genommen. Projekte wie die Entsalzung von Meerwasser wären von so viel Energie abhängig, daß das Ergebnis Flüsse etwa von der Kapazität des Hudson würden, die *von* der Küste *ins* Innere des Landes fließen müßten.

5. Kapitel

Es wäre allzu makaber gewesen, den Text mit einer drastischen und eingehenden Schilderung der großen Hungerperiode zu belasten. Der langsame Hungertod und Kannibalismus in einem gewissen Umfang sind keine passenden «Episoden» für ein solches Buch. Der Leser mag sich an die in Einzelheiten gehenden Beschreibungen der Lage in Leningrad während der deutschen Belagerung oder an die Situation in KZ- und Gefangenenlagern in Deutschland, Polen und der Sowjetunion während des zweiten Weltkriegs erinnern.

Die Notwendigkeit einer Rationierung in den Industrieländern schon bald nach der Jahrtausendwende halte ich für eine Realität. Das gilt für flüssige Brennstoffe wie für lebenswichtige Waren.

Die Isolation gewisser Zentren für Forschung und industrielle Beratung ist unumgänglich. Es handelt sich um einige wenige Zentren, die in den Industrieländern liegen, nach wie vor eine technische Tradition auf hohem Niveau haben und in bezug auf Lebensmittel und sonstige Waren nicht von Ferntransporten abhängig sind.

6. Kapitel

Für die ärgste Notzeit sehen wir eine wachsende Animosität der Bevölkerungsmassen gegen die wenigen Privilegierten voraus, die als Lehrer wirken und technische Ideen in friedlichere Zeiten hinüberretten können. Daß dazu vielleicht nur 100 000 Köpfe notwendig sind, die Gelegenheit haben, einigermaßen ungestört zu arbeiten, also etwa 0,001 Prozent der Gesamtbevölkerung, ist an sich eine Lage, die provozierend wirken muß, wenn man die heutigen Verhältnisse betrachtet.

Sollten andererseits die technischen Ideen nicht überleben können, so befänden wir uns vielleicht in der Situation, daß es vereinzelte «Museumsgegenstände» gäbe, deren Funktionen niemand ahnt, oder daß eine gewisse Anzahl Personen zwar theoretisches Wissen über beispielsweise Turbinen und Generatoren besitzt, aber in der Praxis völlig außerstande ist, solche Maschinen technisch brauchbar zu konstruieren.

7. Kapitel

Das Problem der Wicklungen in elektrischen Generatoren und Motoren der primitivsten Art stellt in der Periode der Morgendämmerung einen wirklichen Engpaß dar. Es gibt natürlich einen Ausweg: das Kupfer, möglichst in der Form von isoliertem Kupferdraht, in den verlassenen Großstädten zu holen. In Ermangelung eines Besseren ist Eisen, so seltsam das klingen mag, eine Alternative. Für die Isolation, d. h. den Schutz der Leitungen gegen Wind und Wetter, kenne ich keine Patentlösung, es sei denn Harz und Holzteerprodukte.

8. Kapitel

Fusion oder Nicht-Fusion — das ist die Frage. Ich nehme an, daß die Idee der Fusion an sich in einer halbtechnischen Skala bald durchgearbeitet sein wird, aber daß die Bevölkerungszunahme und allgemeine Anarchie die Entwicklung der Idee in technisch anwendbarem Format hindern werden. Vermutlich braucht ein Fusionsgenerator ein Zündmoment von großer elektrischer Dichte. Es fehlt in der Zeit, die wir beschreiben, kann aber möglicherweise später gefunden werden.

9. Kapitel

Anfang der fünfziger Jahre wurde die Menge des auf Wurzel stehenden Holzes geschätzt. Die Encyclopedia Britannica gibt $1600 \cdot 10^9$ Kubikfuß an. Das würde 50 Milliarden m^3 = 25 Milliarden t entsprechen. Der jährliche Verbrauch schwankt von Gebiet zu Gebiet, doch sollte die Zahl $50 \cdot 10^9$ repräsentativ sein (Enc. Brit.). In diesem Fall würde es sich um $0{,}75 \cdot 10^9$ m^3 Feuchtware und $0{,}4 \cdot 10^9$ Trockenholz handeln.

Über den Ertrag von 25 Prozent der 1200 Q/Jahr, die auf den Boden entfallen, sind eine Unzahl Versuche und Berechnungen betreffs der gebundenen Kohle (als Zellenmaterial) bei einem gewissen Zufluß von Lichtenergie angestellt worden. Dabei ergab sich die Durchschnittszahl 2 Prozent. Ausnahmen gibt es allerdings. Grünalgen als Großkultur sollen angeblich 10 Prozent und mehr erreichen.

Würden wir nun, wie wenn es sich um Holz handelt, das gewonnene Pflanzenmaterial verheizen und die Energie in Elektrizität umsetzen, so bekämen wir im allgemeinen, an der einströmenden Lichtenergie gemessen, eine Ausbeute von 0,5 Prozent als gewonnene Elektrizität.

In Anbetracht dieser niedrigen Ausbeute kann man sich fragen, warum man nicht Kieselzellen zur Erzeugung von Elektrizität aus Sonnenlicht ausnützt, ungefähr so wie das in unseren Satelliten und Raumfahrzeugen geschieht. Um mit dem Pflanzenwuchs zu konkurrieren, müßte in diesem Fall ein Gebiet von mehreren tausend Quadratkilometern mit Kieselzellen belegt werden. Der bloße Gedanke an die Kosten der Kupferleitungen zur Zusammenkopplung des Netzes macht das Projekt in seiner derzeitigen Form undurchführbar.

10. Kapitel

Für die Überführung von Kohlensäure, CO_2, nach organisch-chemischer Methode gibt es den Weg über Zink:

$$CO_2 + Zn \rightarrow CO + ZnO$$
$$ZnO + H_2 \rightarrow Zn + H_2O$$
$$CO_2 + H_2 \rightarrow CO + H_2O$$

Sobald wir CO haben, steht natürlich der Weg für konventionelle Synthesen von Methan→Azetylen, Methanol→Formaldehyd offen. Der Wasserstoff kann durch Elektrolyse hergestellt werden.

Es besteht die Möglichkeit, daß die Reaktion $CO_2 + 3\,H_2 \rightarrow CH_3OH + H_2O$ durch Hochdruckhydration in einer Etappe durchführbar ist. Diese Methode habe ich allerdings nicht in großem Maßstab angewendet gesehen.

11. Kapitel

Um sich die Zukunft in einer Agrargesellschaft mit niedrigem Industriepotential vorzustellen, ist es keine schlechte Idee, sich an die Bauelemente des Mittelalters und überhaupt an die Geschichte der Technik zu erinnern. Ich kann zwei stimulierende Bücher — mit zahlreichen Hinweisen — empfehlen: *Medieval Technology and Social Change* von Lynn White Jr., Oxford University Press, London 1962, und *Man the Builder* von Gösta E. Sandström, McGraw-Hill, New York-London 1970.

12. Kapitel

Das erwähnte Buch von Jay W. Forrester, siehe S. 136, dürfte die beste heute existierende Zukunftsanalyse enthalten. Allerdings ist es ziemlich technisch geschrieben und erfordert eine Menge Vorkenntnisse.

Einige Worterklärungen

Agrargesellschaft. In diesem Buch habe ich damit eine Gesellschaftsform gemeint, in der Land- und Forstwirtschaft *überwiegen* und die Industrie im Dienst der Landwirtschaft steht — im Gegensatz zu einer vollindustrialisierten Agrargesellschaft.

Deuterium, D. Eine Form des Wasserstoffs, die ungefähr doppelt so viel wie der gewöhnliche Wasserstoff, H, «wiegt». Deuterium kommt zu einem kleinen Prozentsatz in allem gewöhnlichen Wasser, H_2O, vor. Deuteriumoxyd, D_2O, wird mittels elektrolytischer Konzentration und Destillation aus Wasser gewonnen, ein energieerfordernder und teurer Prozeß.

Extrapolation, extrapolieren. Aus einem gegebenen Datenmaterial eine bestimmte Tendenz vorhersagen, z. B. aus den Zahlen der derzeitigen Bevölkerungszunahme die zukünftige Entwicklung voraussehen. In vielen Fällen ist es schwer, aus den jetzt zugänglichen Daten, etwa für Mineralvorkommen, zu extrapolieren, d. h. Schlüsse auf die Lage in kommenden Zeiten zu ziehen. Jede Extrapolation enthält in Berechnungen verschiedener Art ein Unsicherheitsmoment, doch deuten die gewonnenen Daten immerhin die Größenordnung an.

Fission. Spaltung gewisser Schwermetalle, namentlich Uran und Plutonium, in kleinere Atome, und zwar unter der Einwirkung von Neutronen, neutralen Bestandteilen, wobei große Wärmemengen entwickelt werden. Vollzieht sich dieser Prozeß im Bruchteil einer Sekunde, so haben wir eine Atombombe. Es ist jedoch möglich, die Reaktion so sehr zu verlangsamen, daß sie sich während längerer Zeit, während vieler Jahre, vollzieht. Das ist der Fall in Kernkraftwerken: hier gibt das zerfallende Uran Wärme ab, die in elektrische Kraft umgesetzt werden kann.

Fossile Kohle. Vor 250 bis 500 Millionen Jahren versank ein kleiner Teil der damals lebenden Gewächse und Tiere nach dem Tod in Mooren und Gewässern, wo sie nach und nach von Sand und anderen Ablagerungen überdeckt wurden. Die abgestorbenen organischen Stoffe wurden während unendlich langer Perioden durch die geologischen Kräfte fest zusammengepreßt. Durch die Wärme- und Druckeinwirkung machten die Stoffe chemische Veränderungen durch. Was wir heute als Steinkohle brechen und als Erdöl und Erdgas emporpumpen, sind die kohlenhaltigen Reste von Organismen, die vor sehr, sehr langer Zeit gelebt haben.

Fusion, Fusionsenergie. Unsere Sonne erhält ihre Energie von einfachen Wasserstoffatomen, die bei enorm hoher Temperatur und Dichte (Milliarden von Graden und Millionen Atmosphären Druck) je zwei zum nächstschweren Grundstoff, Helium, verschmelzen. Es wird daran gearbeitet, diesen Prozeß hier auf der Erde zu beherrschen, um die ungeheure, bei der Verschmelzung von Wasserstoffatomen zu Helium freiwerdende Wärme auszunützen. Der Prozeß hat technisch einen besseren Ausgangspunkt, wenn wir «schweren» Wasserstoff, Deuterium, oder Deuterium und das Leichtmetall Lithium bei hoher Temperatur und einem gewissen Druck verbinden. Vorläufig ist die Atomfusion = Verschmelzung von Atomen unter Energieentwicklung technisch nur *denkbar,* doch hofft man auf eine baldige Lösung des Problems im Laboratorium. Es wird vermutlich noch lange Zeit dauern, bis ein Fusionsgenerator für die Erzeugung von Elektrizität praktisch in Gebrauch genommen werden kann.

Generator. Eine Maschine, die, auf verschiedene Weise getrieben, rotiert und dadurch Kraft in irgendeiner Form erzeugt. Im allgemeinen meint man mit einem Generator einen Dynamo zur Erzeugung von Elektrizität.

Hydroelektrische Kraft. Die Kraft von fallendem Wasser, in Wasserfällen und eingedämmten Flüssen, durch Wasserräder und Generatoren in Elektrizität verwandelt.

Kernkraft. Siehe Fission.

Korrosion, korrodieren. Die meisten Metalle werden, wenn sie Wind und Wetter oder Chemikalien ausgesetzt sind, in verschiedenem Grad zerstört, da das Metall in eine Metallverbindung übergeht. Eisen korrodiert beispielsweise an der Luft und im Wasser zu Eisenoxyden und Eisenhydroxyden: das Eisen «rostet».

Ökologie, ökologische Faktoren. Die Wissenschaft von den Beziehungen der Organismen zueinander und zur unbelebten Umwelt. In jüngster Zeit wird der Ausdruck verwendet, um die Einwirkung des Menschen auf die ihn umgebende Umwelt sowie seine Beziehung zu ihr zu bezeichnen, im allgemeinen in Verbindung mit der negativen Einwirkung durch den Menschen. Abfälle in Form von Chemikalien und die Verschmutzung der Atmosphäre und der Gewässer sind negative ökologische Faktoren, die derzeit aktuell sind. Es gibt auch positive Faktoren, etwa Naturschutz ganz im allgemeinen oder durchdachte Aufforstung.

Reaktor. In der Technik allgemein verwendet, bezeichnet der Ausdruck eigentlich nur ein geschlossenes Gefäß, in dem ein Stoff verwandelt wird. Man könnte das Wort mit Kocher, Kochgefäß übersetzen. Zu ihnen gehören die Stahlbehälter der Kernkraftwerke, in denen Uran unter Entwicklung von Wärme zerfällt. Spezifisch handelt es sich dabei um einen Uranreaktor. Damit meint man häufig nicht nur den «Kocher» selbst, sondern die mit ihm verbundenen Schaltanlagen und Maschinen.